工伤预防科普丛书

建筑施工
工伤预防知识

"工伤预防科普丛书"编委会　编

U0160722

中国劳动社会保障出版社

图书在版编目（CIP）数据

建筑施工工伤预防知识／"工伤预防科普丛书"编委会编 . -- 北京：中国劳动社会保障出版社，2021

（工伤预防科普丛书）

ISBN 978-7-5167-4932-6

Ⅰ . ①建… Ⅱ . ①工… Ⅲ . ①建筑施工－工伤事故－事故预防－基本知识 Ⅳ . ① TU714

中国版本图书馆 CIP 数据核字（2021）第 119209 号

中国劳动社会保障出版社出版发行

（北京市惠新东街 1 号 邮政编码：100029）

*

三河市华骏印务包装有限公司印刷装订 新华书店经销

880 毫米 × 1230 毫米 32 开本 5.375 印张 109 千字

2021 年 7 月第 1 版 2021 年 7 月第 1 次印刷

定价：**25.00** 元

读者服务部电话：（010）64929211/84209101/64921644

营销中心电话：（010）64962347

出版社网址：http://www.class.com.cn

内容简介

建筑施工属于高危行业，在生产劳动过程中，职工难免会接触各类危险有害因素，对人体造成伤害而导致工伤。工伤预防是工伤保险制度的重要组成部分，职工依法有预防工伤事故伤害和职业病的基本权利，也需要依法履行预防工伤事故和职业病防治的基本义务。

本书是"工伤预防科普丛书"之一，以问答的形式列举了建筑业职工在生产劳动过程中应该了解的工伤事故预防和职业病防治科学技术普及知识以及相关的法律依据和规定，主要内容包括建筑业工伤保险和工伤预防基础知识、工伤预防权利和义务、施工现场安全用电、高处作业安全、施工现场消防安全、施工常用机械设备安全使用、安全标志与劳动防护用品使用、作业人员安全生产职责、事故伤害与应急处置、常见工伤现场急救。

本书所选题目典型性、通用性强，文字编写浅显易懂，版式设计新颖活泼，原创漫画配图直观生动，可作为工伤预防主管部门及用人单位开展工伤预防宣传和培训的参考用书，同时作为提升广大职工工伤预防意识和安全生产素质的普及性学习读物。

前　言

　　工伤预防是工伤保险制度体系的重要组成部分。做好工伤预防工作，开展工伤预防宣传和培训，有利于增强用人单位和职工的守法维权意识，从源头上减少工伤事故和职业病的发生，保障职工生命安全和身体健康，减少经济损失，促进社会和谐稳定发展。

　　党和政府历来高度重视工伤预防工作。2009年以来，全国共开展了三次工伤预防试点工作，为推动工伤预防工作奠定了坚实基础。2017年，人力资源社会保障部等四部门印发《工伤预防费使用管理暂行办法》，对工伤预防费的使用和管理作出了具体的规定，使工伤预防工作进入了全面推进时期。2020年，人力资源社会保障部等八部门联合印发《工伤预防五年行动计划（2021—2025年）》（以下简称《五年行动计划》）。《五年行动计划》要求以习近平新时代中国特色社会主义思想为指导，全面贯彻党的十九大和十九届二中、三中、四中、五中全会精神，坚持以人民为中心的发展思想，完善"预防、康复、补偿"三位一体制度体系，把工伤预防作为工伤保险优先事项，通过推进工伤预防工作，提高工伤预防意识，改善工作场所的劳动条件，防范重特大事故的发生，切实降低工伤发生率，促进经济社会持续健康发展。《五年行动计划》同时明确了九项工作任务，其中包括全面加强工伤预防宣传和深入推进工伤预防培训等内容。

结合目前工伤保险发展现状，立足全面加强工伤预防宣传和深入推进工伤预防培训，我们组织编写了"工伤预防科普丛书"。本套丛书目前包括《〈工伤保险条例〉理解与适用》《〈工伤预防五年行动计划（2021—2025年）〉解读》《农民工工伤预防知识》《工伤预防基础知识》《工伤预防职业病防治知识》《工伤预防个体防护知识》《工伤预防应急救护知识》《建筑施工工伤预防知识》《矿山工伤预防知识》《化工危险化学品工伤预防知识》《机械加工工伤预防知识》《尘毒高危企业工伤预防知识》《交通与运输工伤预防知识》《冶金工伤预防知识》《火灾爆炸工伤事故预防知识》《有限空间作业工伤预防知识》《物流快递人员工伤预防知识》《网约工工伤预防知识》《公务员和事业单位工伤预防知识》《工伤事故典型案例》等分册。本套丛书图文并茂、生动活泼，力求以简洁、通俗易懂的文字普及工伤预防最新政策和科学技术知识，不断提升各行业职工群众的工伤预防意识和自我保护意识。

本套丛书在编写过程中，参阅并部分应用了相关资料与著作，在此对有关著作者和专家表示感谢。由于种种原因，图书可能会存在不当或错误之处，敬请广大读者不吝赐教，以便及时纠正。

"工伤预防科普丛书"编委会

2021年3月

目　录

第8章　作业人员安全生产职责 /119

第1章
建筑业工伤保险和工伤预防基础知识

1. 什么是工伤保险？

工伤保险是社会保险的一个重要组成部分，它通过社会统筹建立工伤保险基金，对保险范围内的职工因在生产经营活动中或规定的某些情况下遭受意外伤害、职业病以及因这两种情况造成职工死亡或暂时或永久丧失劳动能力时，职工或其近亲属能够从国家、社会得到必要的物质补偿，以保证职工或其近亲属的基本生活，以及为受工伤的职工提供必要的医疗救治和康复服务。工伤保险保障了工伤职工的合法权益，有利于妥善处理事故，维护正常的生产、生活秩序，维护社会安定。

工伤保险有四个基本特点：一是强制性，它是指国家立法强制一定范围内的用人单位、职工必须参加。二是非营利性，工伤

保险是国家对职工履行的社会责任，也是职工应该享受的基本权利。国家施行工伤保险，目的是为职工预防职业伤害，提供所有与工伤保险有关的补偿和康复服务，均不以营利为目的。三是保障性，劳动者在发生工伤事故后，对职工或其近亲属发放工伤待遇，以保障其生活。四是互助互济性，是指通过强制征收保险费，建立工伤保险基金，由社会保险行政部门在人员之间、地区之间、行业之间调剂使用基金。

 法律提示

2003 年 4 月 27 日，《工伤保险条例》以国务院令 375 号公布，2004 年 1 月 1 日施行。2010 年 12 月 8 日，《国务院关于修改〈工伤保险条例〉的决定》，由国务院令 586 号公布，自 2011 年 1 月 1 日起施行。

现行《工伤保险条例》分 8 章共 67 条，各章内容为：第一章总则，第二章工伤保险基金，第三章工伤认定，第四章劳动能力鉴定，第五章工伤保险待遇，第六章监督管理，第七章法律责任，第八章附则。

2. 落实《工伤保险条例》有什么重要意义？

2010 年 12 月 20 日，国务院发布《关于修改〈工伤保险条例〉的决定》，新修订的《工伤保险条例》从 2011 年 1 月 1 日起正式施行。新条例的立法宗旨是：保障因工作遭受事故伤害或患职业病的职工获得医疗救治和经济补偿，促进工伤预防和职业康复，分散用人单位的工伤风险。修订后的《工伤保险条例》主要体现了以下几个方面的重要意义：

（1）更好地保障工伤职工利益

新《工伤保险条例》调整扩大了工伤保险实施范围和工伤认定范围，大幅度地提高了工伤待遇水平，简化了认定、鉴定和争议处理程序。这些都可以充分保障工伤职工及其近亲属的合法权益，减少工伤职工的经济负担，进而促进社会和谐稳定。

（2）分散用人单位工伤风险，减轻了经济负担

新《工伤保险条例》扩大了工伤保险范围，通过社会统筹的工伤保险制度，分散各类用人单位要承担的工伤职工经济费用，同时因为可以把一些工伤职工管理的具体事务性工作，交由相关

的工伤保险经办机构处理，也减轻了用人单位管理上的负担。新《工伤保险条例》规定把原来由用人单位支付的工伤职工待遇改为由工伤保险基金支付，还规范统一了工伤职工的待遇标准，保证他们待遇的及时发放。

（3）有利于加快完善工伤保险制度体系

新《工伤保险条例》明确了工伤预防的重要性，并且规定了工伤预防费用的使用，确立了工伤预防工作在工伤保险制度中的重要地位；对工伤康复也做了更加明确的规定，使工伤康复相关工作有了强有力的法律和物质保障。这样，通过实施新《工伤保险条例》，工伤预防、工伤补偿和工伤康复"三位一体"的工伤保险制度体系更加完善，有利于促进工伤保险制度的事后补偿与事前预防并重的良性循环，从根本上保障了职工的工伤权益。

3. 我国工伤保险制度的适用范围是什么？

《工伤保险条例》规定，中华人民共和国境内的企业、事业单位、社会团体、民办非企业单位、基金会、律师事务所、会计师事务所等组织和有雇工的个体工商户（统称为用人单位）应当依照本条例规定参加工伤保险，为本单位全部职工或者雇工（统称为职工）缴纳工伤保险费。

中华人民共和国境内的企业、事业单位、社会团体、民办非企业单位、基金会、律师事务所、会计师事务所等组织的职工和个体工商户的雇工，均有依照本条例的规定享受工伤保险待遇的权利。

　　《工伤保险条例》所规定的"企业"，包括在中国境内的所有形式的企业。按照所有制划分，有国有企业、集体所有制企业、私营企业、外资企业；按照所在地域划分，有城镇企业、乡镇企业；按照企业的组织结构划分，有公司、合伙企业、个人独资企业、股份制企业等。

4. 工伤保险费为什么由用人单位或雇主缴纳？

　　工伤保险费是由用人单位或雇主按国家规定的费率缴纳的，职工个人不缴纳任何费用，这是工伤保险与养老保险、医疗保险等其他社会保险项目的不同之处。个人不缴纳工伤保险费，体现了工伤保险的严格雇主责任。

　　随着经济、社会的发展，世界各国已达成共识，认为职工在为用人单位创造财富、为社会做出贡献的同时，还冒着付出鲜血和健康的代价。因此，由用人单位缴纳保险费是完全必要和合理的。我国《工伤保险条例》规定：用人单位应当按时缴纳工伤保险费，职工个人不缴纳工伤保险费。用人单位缴纳工伤保险费的数额为本单位职工工资总额乘以单位缴费费率之积。对难以按照工资总额缴纳工伤保险费的行业，其缴纳工伤保险费的具体方式，由国务院社会保险行政部门规定。

5. 建筑业职工必须要参加工伤保险吗？

建筑业职工参加工伤保险，既是贯彻落实党中央、国务院关于切实保障和改善民生的要求，更是落实《中华人民共和国社会保险法》《中华人民共和国建筑法》《中华人民共和国安全生产法》《中华人民共和国职业病防治法》和《工伤保险条例》等法律法规规定，解决目前部分建筑施工企业安全管理制度不落实，工伤保险参保覆盖率低，一线建筑工人特别是农民工工伤维权能力弱、工伤待遇落实难等问题的重要途径，是用人单位的法定义务。因此，建设单位在施工之前，必须为职工办理参加工伤保险手续。

 法律提示

《中华人民共和国社会保险法》第三十三条明确规定："职工应当参加工伤保险。"《工伤保险条例》第二条明确规定："中华人民共和国境内的企业、事业单位、社会团体、民办非企业单位、基金会、律师事务所、会计师事务所等组织和有雇工的个体工商户（以下称用人单位）应当依照本条例规定参加工伤保险，为本单位全部职工或者雇工（以下称职工）缴纳工伤保险费。"2014 年 12 月 29 日，人力资源和社会保障部、住房和城乡建设部、国家安全生产监督管理总局和中华全国总工会下发了《关于进一步做好建筑业工伤保险工作的意见》就进一步做好建筑业工伤保险工作、切实维护建筑业职工工伤保障权益提出明确意见。

6. 建筑业以什么形式参加工伤保险？如何缴费？

建筑施工企业应依法参加工伤保险。针对建筑行业的特点，建筑施工企业对相对固定的职工，应按用人单位参加工伤保险；对不能按用人单位参保、建筑项目使用的建筑业职工特别是农民工，按项目参加工伤保险。

按用人单位参保的建筑施工企业应以工资总额为基数依法缴纳工伤保险费。以建设项目为单位参保的，可以按照项目工程总造价的一定比例计算缴纳工伤保险费。

7. 建筑业职工参加工伤保险，个人需要缴费吗？

根据《中华人民共和国社会保险法》第三十三条、《工伤保险条例》第十条规定，职工参加工伤保险，所有费用由用人单位缴纳，职工个人不缴费。

8. 建筑工地按项目参保后，哪些人员将纳入保障范围？

《关于进一步做好建筑业工伤保险工作的意见》规定：建筑工地按项目参加工伤保险后，工伤保险将覆盖项目使用的所有职工，包括专业承包单位、劳务分包单位使用的农民工。建筑工地按项目参加工伤保险后，在建筑项目施工中发生事故经认定为工伤的，均可按照《工伤保险条例》的规定享受工伤保险待遇。

9. 为促进建筑业职工参加工伤保险，采取了哪些强制性措施？

《关于进一步做好建筑业工伤保险工作的意见》规定：房屋建筑和市政基础设施工程实行以建设项目为单位参加工伤保险的，可在各项社会保险中优先办理参加工伤保险手续。建设单位在办理施工许可手续时，应当提交建设项目工伤保险参保证明，作为保证工程安全施工的具体措施之一，安全施工措施未落实的项目，各地住房城乡建设主管部门不予核发施工许可证。

10. 建筑业职工发生工伤后该怎么办？

（1）工伤认定

用人单位应当自事故伤害发生之日或者被诊断、鉴定为职业病之日起 30 日内，工伤职工或者其近亲属、工会组织应在事故伤害发生之日或者被诊断、鉴定为职业病之日起 1 年内，向统筹地区社会保险行政部门提出工伤认定申请，并按照《工伤保险条例》第十八条规定，提交相关申请材料。申请材料具体包括：工伤认定申请表，与用人单位存在劳动关系（包括事实劳动关系）的证明材料，医疗诊断证明或者职业病诊断证明书（或者职业病诊断鉴定书）等。

（2）工伤医疗

职工因工作遭受事故伤害或者患职业病进行治疗，享受工伤医疗待遇。职工治疗工伤应当在签订服务协议的医疗机构就医，情况紧急时可以先到就近的医疗机构急救。参保工伤职工治疗工伤所需费用按规定从工伤保险基金支付。

（3）工伤康复

工伤职工到签订服务协议的康复机构进行工伤康复的费用，符合规定的，从工伤保险基金支付。

（4）劳动能力鉴定

职工发生工伤，经治疗伤情相对稳定后存在残疾、影响劳动能力的，应当进行劳动能力鉴定。劳动能力鉴定由用人单位、工伤职工或者其近亲属向设区的市级劳动能力鉴定委员会提出申请，并提供工伤认定决定和职工工伤医疗的有关资料。

（5）工伤保险待遇

已经参加工伤保险的建筑业职工受到事故伤害或者被诊断、鉴定为职业病，经认定为工伤后，按照《工伤保险条例》规定享受各项工伤保险待遇。

工伤保险待遇包括工伤医疗期间待遇、工伤医疗终结后一次性发放的待遇、工伤医疗终结后定期发放的待遇及因工死亡待遇等。

11. 什么情形可以认定为工伤和不能认定为工伤?

《工伤保险条例》对工伤的认定作出了明确规定。

(1)认定为工伤的情形

职工有下列情形之一的,应当认定为工伤:

1)在工作时间和工作场所内,因工作原因受到事故伤害的。

2)工作时间前后在工作场所内,从事与工作有关的预备性或者收尾性工作受到事故伤害的。

3)在工作时间和工作场所内,因履行工作职责受到暴力等意外伤害的。

4)患职业病的。

5)因工外出期间,由于工作原因受到伤害或者发生事故下落不明的。

6)在上下班途中,受到非本人主要责任的交通事故或者城市轨道交通、客运轮渡、火车事故伤害的。

7)法律、行政法规规定应当认定为工伤的其他情形。

(2)视同工伤的情形

职工有下列情形之一的,视同工伤:

1)在工作时间和工作岗位,突发疾病死亡或者在 48 小时之内经抢救无效死亡的。

2)在抢险救灾等维护国家利益、公共利益活动中受到伤害的。

3)职工原在军队服役,因战、因公负伤致残,已取得革命伤残军人证,到用人单位后旧伤复发的。

职工有上述第一项、第二项情形的，按照《工伤保险条例》有关规定享受工伤保险待遇；职工有上述第三项情形的，按照《工伤保险条例》的有关规定享受除一次性伤残补助金以外的工伤保险待遇。

（3）不得认定为工伤的情形

职工符合前述规定，但是有下列情形之一的，不得认定为工伤或者视同工伤：

1）故意犯罪的。

2）醉酒或者吸毒的。

3）自残或者自杀的。

 相关链接

田某长期在某市铸造厂从事铸造工作。某日，车间主任派他到该厂另外一车间拿工具。在返回工作岗位途中，被该厂建筑工地坠落的砖块砸伤头部，当即被送往医院救治，被诊断为脑挫裂伤。出院后，田某向单位申请工伤待遇，但是单位认为他不是在本职岗位受伤，因此不能享受工伤待遇。田某遂向当地社会保险行政部门投诉，要求认定其为工伤。

当地社会保险行政部门经调查后认为：虽然田某的致伤地点不是在本职岗位，但他是受领导（车间主任）指派离开本职岗位到另一车间拿工具的，故其受伤地点应属于工作场所。这一事故具有一般工伤事故应具备的"三工"要素，即在工作时间、工作地点，因工作原因而受伤。因此，当地社会保险行政部门认定田某为工伤，并责成单位给予田某相应的工伤待遇。

12. 申请工伤认定的主要流程有哪些？

（1）受事故伤害，或被诊断为职业病，提出工伤认定申请

职工所在单位应当自职工受事故伤害发生之日或者职工被诊断、鉴定为职业病之日起 30 日内，向统筹地区社会保险行政部门提出工伤认定申请。

用人单位未按上述规定提出工伤认定申请的，工伤职工或者其近亲属、工会组织在事故伤害发生之日或者被诊断、鉴定为职业病之日起 1 年内，可以直接向用人单位所在地统筹地区社会保险行政部门提出工伤认定申请。

（2）备齐申请材料

需要备齐的申请材料包括：

1）工伤认定申请表。

2）与用人单位存在劳动关系（包括事实劳动关系）的证明材料。

3）医疗诊断证明或者职业病诊断证明书（或者职业病诊断鉴定书）。

其中，工伤认定申请表应当包括事故发生的时间、地点、原因以及职工伤害程度等基本情况。

（3）社会保险行政部门受理

申请材料完整，属于社会保险行政部门管辖范围且在受理时

效内的，应当受理。申请材料不完整的，社会保险行政部门应当一次性书面告知工伤认定申请人需要补正的全部材料。

（4）作出工伤认定

社会保险行政部门应当自受理工伤认定申请之日起60日内作出工伤认定的决定，并书面通知申请工伤认定的职工或者其近亲属和该职工所在单位。

13. 工伤保险待遇主要包括哪些？

《工伤保险条例》中规定的工伤保险待遇主要有：

（1）工伤医疗及康复待遇

包括工伤治疗及相关补助待遇、工伤康复待遇、辅助器具的安装配置待遇等。

（2）停工留薪期待遇

职工因工作遭受事故伤害或者患职业病需要暂停工作接受工伤医疗的，在停工留薪期内，原工资福利待遇不变，由所在单位按月支付。停工留薪期一般不超过12个月。伤情严重或者情况特殊，经设区的市级劳动能力鉴定委员会确认，可以适当延长，但延长不得超过12个月。生活不能自理的工伤职工在停工留薪期需要护理的，由所在单位负责。

（3）伤残待遇

根据工伤发生后劳动能力鉴定确定的劳动功能障碍程度和生活处理障碍程度的等级不同，工伤职工可享受相应的一次性伤残补助金、伤残津贴、一次性工伤医疗补助金、一次性伤残就业补助金及生活护理费等。

（4）工亡待遇

职工因工死亡，其近亲属按照规定从工伤保险基金领取丧葬补助金、供养亲属抚恤金和一次性工亡补助金。

14. 申请劳动能力鉴定的主要流程有哪些？

（1）伤情基本稳定，进行劳动能力鉴定

职工发生工伤，经治疗伤情相对稳定后存在残疾、影响劳动能力的，应当进行劳动能力鉴定。劳动功能障碍分为 10 个伤残等级，最重的为一级，最轻的为十级。生活自理障碍分为 3 个等级：生活完全不能自理、生活大部分不能自理和生活部分不能自理。

（2）备齐材料，提出申请

劳动能力鉴定由用人单位、工伤职工或者其近亲属向设区的市级劳动能力鉴定委员会提出申请，并提供工伤认定决定和职工工伤医疗的有关资料。

（3）接受申请，作出鉴定结论

设区的市级劳动能力鉴定委员会应当自收到劳动能力鉴定申请之日起 60 日内作出劳动能力鉴定结论，必要时，作出劳动能力鉴定结论的期限可以延长 30 日。劳动能力鉴定结论应当及时送达申请鉴定的单位和个人。

（4）存在异议，可向上级部门提出再次鉴定申请

申请鉴定的单位或者个人对设区的市级劳动能力鉴定委员会作出的鉴定结论不服的，可以在收到该鉴定结论之日起 15 日内向省、自治区、直辖市劳动能力鉴定委员会提出再次鉴定申请。省、自治区、直辖市劳动能力鉴定委员会作出的劳动能力鉴定结论为最终结论。

（5）伤残情况发生变化，可申请劳动能力复查鉴定

自劳动能力鉴定结论作出之日起 1 年后，工伤职工或者其近亲属、所在单位或者经办机构认为伤残情况发生变化的，可以申请劳动能力复查鉴定。

15. 建筑业工伤保险法律责任有哪些?

（1）待遇支付

对认定为工伤的建筑业职工，各级社会保险经办机构和用人单位应依法按时足额支付各项工伤保险待遇。

对在参保项目施工期间发生工伤、项目竣工时尚未完成工伤认定或劳动能力鉴定的建筑业职工，其所在用人单位要继续保证其医疗救治和停工期间的法定待遇，待完成工伤认定及劳动能力鉴定后，保证其依法享受各项工伤保险待遇；其中应由用人单位支付的待遇，工伤职工所在用人单位要按时足额支付，也可根据其意愿一次性支付。

针对建筑业工资收入分配的特点，对相关工伤保险待遇中难

以按本人工资作为计发基数的，可以参照统筹地区上年度职工平均工资作为计发基数。

（2）先行支付

未参加工伤保险的建设项目，职工发生工伤事故，依法由职工所在用人单位支付工伤保险待遇，施工总承包单位、建设单位承担连带责任；用人单位和承担连带责任的施工总承包单位、建设单位不支付的，由工伤保险基金先行支付，用人单位和承担连带责任的施工总承包单位、建设单位应当偿还；不偿还的，由社会保险经办机构依法追偿。

（3）未参加工伤保险的职工能享受的工伤保险待遇

根据《工伤保险条例》第六十二条规定："依照本条例规定应当参加工伤保险而未参加工伤保险的用人单位职工发生工伤的，由该用人单位按照本条例规定的工伤保险待遇项目和标准支付费用。"

（4）应参加而未参加工伤保险的用人单位的法律责任

用人单位依照《工伤保险条例》规定应当参加工伤保险而未参加的，由社会保险行政部门责令限期参加，补缴应当缴纳的工伤保险费，并自欠缴之日起，按日加收万分之五的滞纳金；逾期仍不缴纳的，处欠缴数额1倍以上3倍以下的罚款。

依法规定应当参加工伤保险而未参加工伤保险的用人单位职工发生工伤的，由该用人单位按照《工伤保险条例》规定的工伤保险待遇项目和标准支付费用。

用人单位参加工伤保险并补缴应当缴纳的工伤保险费、滞纳金后，由工伤保险基金和用人单位依照《工伤保险条例》的规定支付新发生的费用。

用人单位违反规定，拒不协助社会保险行政部门对事故进行调查核实的，由社会保险行政部门责令改正，处 2 000 元以上 2 万元以下的罚款。

（5）骗取工伤保险待遇的法律惩处

用人单位、工伤职工或者其近亲属骗取工伤保险待遇，医疗机构、辅助器具配置机构骗取工伤保险基金支出的，由社会保险行政部门责令退还，处骗取金额 2 倍以上 5 倍以下的罚款；情节严重，构成犯罪的，依法追究刑事责任。

（6）建筑业的工伤赔偿连带责任追究

建设单位、施工总承包单位或具有用工主体资格的分包单位将工程（业务）发包给不具备用工主体资格的组织或个人，该组织或个人招用的劳动者发生工伤的，发包单位与不具备用工主体资格的组织或个人承担连带赔偿责任。

16. 为什么要做好工伤预防？

工伤预防是建立健全工伤预防、工伤补偿和工伤康复"三位一体"工伤保险制度的重要内容，是指事先防范职业伤亡事故以及职业病的发生，减少事故及职业病的隐患，改善和创造有利于健康的、安全的生产环境和工作条件，保护作业人员职业安全和健康。工伤预防的措施主要包括工程技术措施、教育措施和管理措施。

职工在劳动保护和工伤保险方面的权利与义务是基本一致的。在劳动关系中，获得劳动保护是职工的基本权利，工伤保险又是其劳动保护权利的延续。职工有权获得保障其安全健康的劳动条件，同时也有义务严格遵守安全操作规程，遵章守纪，预防职业伤害的发生。

当前国际上，现代工伤保险制度已经把事故预防放在优先位置。我国的《工伤保险条例》也把工伤预防定为工伤保险的三大任务之一，从而逐步改变了过去重补偿、轻预防的模式。因此，那种"工伤有保险，出事有人赔，只管干活挣钱"的说法，显然是错误的。工伤赔偿是发生职业伤害后的救助措施，不能挽回失去的生命和复原已经残疾的身体。职工只有加强工伤预防，才能保障自身的安全与健康。生命安全和身体健康是人们的最大财富，用人单位和职工要永远共同坚持"安全第一、预防为主、综合治理"的方针。

17. 为什么要安全生产?

安全生产是党和国家在生产建设中一贯的指导思想和重要方针,是全面落实习近平新时代中国特色社会主义思想,构建社会主义和谐社会的必然要求。

安全生产的根本目的是保障从业人员在生产经营过程中的安全和健康。安全生产是安全与生产的统一,安全促进生产,生产必须安全,没有安全就无法正常进行生产。搞好安全生产工作,改善劳动条件,减少从业人员伤亡与财产损失,不仅可以增加生产经营单位效益,促进生产经营单位的健康发展,而且还可以促进社会的和谐,保障国家经济建设的安全进行。

《中华人民共和国安全生产法》(以下简称《安全生产法》)是我国安全生产的专门法律、基本法律,是职业安全卫生法律体系的核心,自 2002 年 11 月 1 日起实施。《安全生产法》明确规定安全生产应当以人为本,坚持安全发展,坚持"安全第一、预防为主、综合治理"的方针,强化和落实生产经营单位的主体责任,建立生产经营单位负责、职工参与、政府监管、行业自律和社会监督的工作机制。这是党和国家对安全生产工作的总体要求,生产经营单位和从业人员在生产经营过程中必须严格遵循这一基本方针。

"安全第一"说明和强调了安全的重要性。人的生命是至高无上的,每个人的生命只有一次,要珍惜生命、爱护生命、保护生命。事故意味着对生命的摧残与毁灭,因此,在生产经营活动中,应把保护生命安全放在第一位,坚持最优先考虑人的生命安全。

"预防为主"是指安全生产工作的重点应放在预防发生事故上，要按照安全系统工程理论，按照事故发展的规律和特点，预防事故的发生。安全工作应当做在生产活动之前，事先就应充分考虑事故发生的可能性，并自始至终采取有效措施以防止和减少事故。"综合治理"是指要自觉遵循安全生产规律，抓住安全生产工作中的主要矛盾和关键环节。要标本兼治，重在治本，采取各种管理手段预防事故发生。实现治标的同时，研究治本的方法。综合运用科技、经济、法律、行政等手段，并充分发挥社会、从业人员、舆论的监督作用，从各个方面着手解决影响安全生产的深层次问题，做到思想上、制度上、技术上、监督检查上、事故处理上和应急救援上的综合管理。

 法律提示

《中华人民共和国宪法》第四十二条第一款、第二款规定：中华人民共和国公民有劳动的权利和义务。

国家通过各种途径，创造劳动就业条件，加强劳动保护，改善劳动条件，并在发展生产的基础上，提高劳动报酬和福利待遇。

18. 通常所说的高危行业包括哪些?

所谓高危行业是指生产作业岗位的危险系数较其他行业高，工伤事故发生率较高、财产损失较大，短时间难以恢复或无法恢复。比如地下采煤业、高空作业的行业、爆破业等。

常说的六大高危行业是指煤矿、非煤矿山、建筑施工、危险化学品、烟花爆竹、交通运输行业领域。

其中，建筑施工作业过程，涉及职业伤害、消防、交通运输、用电、起重和高处作业等各类安全技术，因自身的生产特点和危险源分布，使其成为传统的高危行业。建筑施工现场历来为伤亡事故高发区域，并且受到党和国家的高度重视。

《中华人民共和国建筑法》第三十六条明确规定：建筑工程安全生产管理必须坚持安全第一、预防为主的方针，建立健全安全生产的责任制度和群防群治制度。

19. 什么是建筑施工的"五大伤害"？

建筑施工是传统的高危行业，具有以下公认的"五大伤害"：

（1）高处坠落

高处坠落一般被列为建筑施工"五大伤害"之首，事故发生概率极高，约占各类事故总数的一半以上，并且伤亡危险性极大。因此，不但需要分析高处坠落事故产生的原因，采取必要的措施加以预防，还要求施工人员自身安全意识的提升。

（2）物体打击

物体打击是指失控物体的惯性对人身造成的伤害，现场常见的物体包括高处落物、飞蹦物、滚击物及掉物、倒物等。在建筑业施工中物体打击伤害事故范围较广，因交叉作业情况较多，在高位的物体处置不当，都很容易出现落物伤人的情况。

（3）触电

建筑施工现场用电尤其是临时用电随处可见，发生人员触电事故的情况很多，主要有：施工中碰触现场及周边的架空线路而发生的触电事故；起重机械在架空高压线下方作业时，触碰裸线或集聚静电荷而造成触电事故；建筑施工机械和手持电动工具的使用环境较差（受泥浆、锯屑污染等），带水作业多，如果保养不好，机械往往易漏电；移动照明如果不使用安全电压，或使用灯泡烘衣、袜等违章用电时也容易造成触电事故。

（4）机械伤害

机械设备都是由许多零部件构成的，而且其中的大部分在工作状态下都是运动的，特别是旋转运动。例如机械设备中的齿轮、带轮、滑轮、卡盘、轴、光杠、丝杠、联轴器等零部件都是做旋转运动的，易绞伤或物体打击伤害作业人员。

（5）坍塌

由于坍塌的过程产生于一瞬间，来势凶猛，现场人员往往难以及时撤离。无法及时撤离的人员，会受到坍塌体带来的物体打击、挤压、掩埋、窒息等严重伤害。如果现场有危险物品存在时，还可能引发着火、爆炸、中毒、环境污染等更大灾害。

20.《建设工程安全生产管理条例》的基本内容是什么？

《建设工程安全生产管理条例》和《安全生产许可证条例》是建筑安全生产法规体系中的重要行政法规，是建筑施工相关管理单位行使行政权力的主要依据。

《建设工程安全生产管理条例》较为详细地规定了建设单位、勘察单位、设计单位、施工单位、工程监理单位和其他与建设工程有关单位的安全生产责任，以及安全生产的监督管理，生产安全事故应急救援与调查处理等。

（1）明确了"安全第一、预防为主"是建设工程的安全生产管理方针。

（2）规定了建设单位、勘察单位、设计单位、施工单位、工程监理单位及其他与建设工程安全生产有关的单位应承担的相应安全生产责任。

（3）确立了建设工程安全生产的十三项基本管理制度。其中，涉及政府部门的安全生产监管制度有七项：依法批准开工报告的建设工程和拆除工程备案制度，"三类人员"（施工单位的主要负责人、项目负责人、专职安全生产管理人员）考核任职制度，特种作业人员持证上岗制度，施工起重机械使用登记制度，政府安全监督检查制度，危及施工安全工艺、设备、材料淘汰制度和生产安全事故报告制度。涉及施工企业的安全生产制度有六项，即安全生产责任制度、安全生产教育培训制度、专项施工方案专家论证审查制度、施工现场消防安全责任制度、意外伤害保险制度和生产安全事故应急救援制度。

21. 常见的建筑施工的工伤事故有哪些？

我国建筑业虽然有了很大的发展，但是至今大多数工种仍然没有根本变化，如抹灰工、瓦工、混凝土工、架子工等仍以手工操作为主。建筑施工各工种的劳动繁重、体力消耗大，加上作业环境恶劣，如受不良光线、雨雪、风霜、雷电等影响，导致操作人员注意力不集中或由于心情烦躁，违章作业的现象十分普遍。

从建筑物的建造过程以及建筑施工的特点可以看出，施工现场的操作人员从地基到主体到屋面分项施工，要从地面到地下，再回到地面，再上到高空，经常处在露天、高处和交叉作业的环境中。建筑施工的高处坠落、物体打击、触电和机械伤害等四个类别的伤亡事故多年来一直居高不下。

随着建筑物从高层到超高层发展，其地下室也从地下一层到地下二层甚至地下若干层，土方坍塌事故增多。特别是在城市里建筑拆除工程越来越多的情况下，在上述主要伤害事故的基础上，坍塌事故发生概率又明显增大。据全国建筑施工伤亡事故分析，高处坠落占建筑业死亡总数的53.10%，坍塌占14.43%，物体打击占10.57%，机械伤害占9.82%，触电占7.18%，五类事故合计占事故死亡总数的95%以上。

建筑施工作业的特殊性还在于，它直接或者间接地影响局部或大部分的环境，给环境安全管理同样带来了考验。《中华人民共和国建筑法》第四十一条明确规定：建筑施工企业应当遵守有关环境保护和安全生产的法律法规的规定，采取控制和处理施工现场的各种粉尘、废气、废水、固体废物以及噪声、振动对环境的污染和危害的措施。

22. 建筑业职工如何做好职业病预防措施?

建筑业职业病危害因素分布广、种类繁多,既存在粉尘、噪声、放射性物质和其他有毒有害物质等,也存在高处、密闭空间、高温、低温、高原(低气压)等作业环境产生的危害,另外,劳动强度大、劳动时间长的问题也很突出。往往一个施工现场同时存在多种职业病危害因素,不同施工过程存在不同的职业病危害因素。因此,建筑业职工需要加强职业病个体防护措施。

(1)尘肺病防护措施

严格遵守并落实相关岗位的持证上岗制度,施工作业人员必须按标准正确佩戴防尘口罩,杜绝超时工作,在工作过程中要时刻注意减少扬尘的操作方法和技巧。

(2)电焊工尘肺、眼病防护措施

电焊工必须持证上岗,作业时需要佩戴防毒口罩、防护眼镜,坚决杜绝违章作业、超时工作采取轮流作业。

(3)手臂振动病防护措施

直接操作振动机械易引起手臂振动病,因此需要这类机械操作工持证上岗,穿戴好防振动手套,采取换班轮流作业以延长休息时间,杜绝超时工作现象。

(4)职业性中毒防护措施

油漆工、粉刷工接触有机材料散发的不良气体,容易引起职业性中毒。因此需要这类岗位职工持证上岗,正确佩戴防毒口罩,采取轮流作业,杜绝超时工作现象,并需要职工提高中毒事故自救与互救的能力。

（5）职业性耳聋防护措施

高强度、长时间接触噪声可引起职业性耳聋，机械操作人员或相关职工应对噪声大的机械加强日常保养和维护，减少噪声污染。施工操作人员应正确佩戴防噪声耳塞，采取轮流作业，杜绝超时工作。

（6）高温中暑防护措施

高湿高热环境下，人容易中暑，用人单位应该备足饮用水或绿豆水，防中暑药品、器材等。职工需要减少工作时间，尤其是延长中午休息时间，并提高中暑情况发生时的急救能力。

23. 职工的工伤预防责任主要有哪些？

（1）遵守劳动纪律，自觉执行企业安全规章制度和安全操作规程，听从指挥，杜绝违章行为。

（2）认真执行交接班制度，保证本岗位工作地点和设备工具的安全、整洁，不随便拆除安全防护装置，不使用自己不该使用的机械和设备。

（3）自觉并正确佩戴劳动防护用品，妥善保管和正确使用各种防护器具和灭火器材。

（4）积极参加安全生产教育和安全生产技能培训，提高安全操作技术水平。

（5）不得擅自私拉乱接电线，不得擅自动用明火。

（6）及时报告、处理事故隐患，积极参加事故抢救工作。

（7）拒绝违章指挥，批评、检举违章操作和违反劳动纪律的行为。

 法律提示

　　《安全生产法》规定：从业人员在作业过程中，应当严格遵守本单位的安全生产规章制度和操作规程，服从管理，正确佩戴和使用劳动防护用品。从业人员应当接受安全生产教育和培训，掌握本职工作所需的安全生产知识，提高安全生产技能，增强事故预防和应急处理能力。从业人员发现事故隐患或者其他不安全因素，应当立即向现场安全生产管理人员或者本单位负责人报告；接到报告的人员应当及时予以处理。

24. 应注意杜绝哪些不安全行为？

　　一般地说，凡是能够或可能导致事故发生的人为失误均属于不安全行为。《企业职工伤亡事故分类》（GB 6441—1986）中规定的 13 大类不安全行为包括：

　　（1）未经许可开动、关停、移动机器；开动、关停机器时未给信号；开关未锁紧，造成意外转动、通电或泄漏等；忘记关闭设备；忽视警告标志、警告信号；操作错误（指按钮、阀门、扳手、把柄等的操作）；奔跑作业；供料或送料速度过快；机械超速运转；违章驾驶机动车；酒后作业；客货混载；冲压机作业时，手伸进冲压模；工件紧固不牢；用压缩空气吹铁屑等。

（2）安全装置被拆除、堵塞，或因调整错误造成安全装置失效。

（3）临时使用不牢固的设施或无安全装置的设备等。

（4）用手代替手动工具，用手清除切屑，不用夹具固定，用手拿工件进行机加工。

（5）成品、半成品、材料、工具、切屑和生产用品等存放不当。

（6）冒险进入危险场所。

（7）攀、坐不安全位置（如平台护栏、汽车挡板、吊车吊钩）。

（8）在起吊物下作业、停留。

（9）机器运转时进行加油、修理、检查、调整、焊接、清扫等。

（10）有分散注意力行为。

（11）在必须使用个人防护用品用具的作业或场合中，忽视其使用。

（12）在有旋转零部件的设备旁作业穿肥大服装；操纵带有旋转零部件的设备时戴手套等。

（13）对易燃、易爆等危险物品处理错误。

 血的教训

　　一天，某厂生产一班给矿皮带工张某、和某两人打扫4号给矿皮带附近的场地，清理积矿。当张某清扫完非人行道上的积矿后，准备到人行道上帮助和某清扫。当时，张某拿着1.7米长的铁铲，为图方便抄近路，他违章从4号给矿皮带与5号给矿皮带之间穿越（当时，4号给矿皮带正以每秒2米的速度运行，5号给矿皮带已停运）。张某手里拿的铁铲触及运行中的4号皮带的增紧轮，铁铲和人一起被卷到了皮带增紧轮上，铁铲的木柄被折成两段弹了出去，张某的头部顶在增紧轮外的支架上，在高速运转的皮带挤压下，头骨破裂，当场死亡。

　　这起事故的直接原因是张某安全意识淡薄，自我保护意识极差，严重违反了皮带操作工安全操作规程中关于"严禁穿越皮带"的规定。事后据调查，张某曾多次违章穿越皮带，属习惯性违章，正是他的违章行为，导致了这次伤亡事故的发生。

这起事故给人们的教训是，企业应设置有效的安全防护设施，提高设备的本质安全水平。同时，对职工要加强教育，增强其安全意识，杜绝不安全行为。

25. 应注意避免出现哪些不安全心理？

根据大量的工伤事故案例分析，导致职工发生职业伤害最常见的不安全心理状态主要有以下几种：

（1）自我表现心理——"虽然我进厂时间短，但我年轻、聪明，干这活儿不在话下……"

（2）经验心理——"多少年一直是这样干的，干了多少遍了，能有什么问题……"

（3）侥幸心理——"完全照操作规程做太麻烦了，变通一下也不一定会出事吧……"

（4）从众心理——"他们都没戴安全帽，我也不戴了……"

（5）逆反心理——"凭什么听班长的呀，今儿就这么干，我就不信会出事……"

（6）反常心理——"早晨孩子肚子疼，自己去了医院，也不知道是什么病，真担心……"

血的教训

　　某日，某机械厂切割机操作工王某，在巡视纵向切割机时发现刀锯与板坯摩擦，有冒烟和燃烧现象，如不及时处理有可能引起火灾。王某当即停掉风机和切割机去排除故障，但没有关闭皮带机电源，皮带机仍然处于运转中。当王某伸手去掏燃着的纤维板屑时，袖口连同右臂突然被皮带机齿轮绞住，直到工友听到王某的呼救声才关闭了皮带机电源。这起事故造成王某右臂伤残。

　　这起事故的发生与操作者存在侥幸麻痹心理有直接的关系。操作者以前多次不关闭皮带机就去排除故障，侥幸未造成事故，因而麻痹大意，由此逐渐形成习惯性违章行为并最终导致惨剧发生。

第**2**章
工伤预防权利和
义务

26. 职工工伤保险的权利主要体现在哪些方面？

（1）有权获得劳动安全卫生的教育和培训，了解所从事的工作可能对身体健康造成的危害和可能发生的不安全事故。

（2）有权获得保障自身安全健康的劳动条件和劳动防护用品。

（3）有权对用人单位管理人员违章指挥、强令冒险作业予以拒绝。

（4）有权对危害生命安全和身体健康的行为提出批评、检举和控告。

（5）从事职业危害作业的职工有权获得定期健康检查。

（6）发生工伤时，有权得到抢救治疗。

（7）发生工伤后，职工或其近亲属有权向当地社会保险行政部门报告申请认定工伤和享受工伤待遇。

（8）工伤职工有权依法享受有关工伤保险待遇。

（9）工伤职工发生伤残，有权提出劳动能力鉴定申请和再次鉴定申请。自劳动能力鉴定结论作出之日起一年后，工伤职工或者其近亲属认为伤残情况发生变化的，可以申请劳动能力复查鉴定。

（10）因工致残尚有工作能力的职工，在就业方面应得到特殊保护，依照法律规定用人单位对因工致残的职工不得解除劳动合同，并应根据不同情况安排适当工作；在建立和发展工伤康复事业的情况下，应当得到职业康复培训和再就业帮助。

（11）职工与用人单位发生工伤待遇方面的争议，按照处理劳动争议的有关规定处理；职工对工伤认定结论不服或对经办机构

核定的工伤保险待遇有异议的，可以依法申请行政复议，也可以依法向人民法院提起行政诉讼。

27. 什么是安全生产的知情权和建议权？

在生产劳动过程中，往往存在着一些影响职工安全和健康的危险有害因素。职工有权了解其作业场所和工作岗位与安全生产有关的情况：一是存在的危险有害因素；二是防范措施；三是事故应急措施。职工对于安全生产的知情权，是保护劳动者生命健康权的重要前提。如果职工知道并且掌握有关安全生产的知识和处理办法，就可以消除许多不安全因素和事故隐患，避免或者减少事故的发生。

同时，职工对本单位的安全生产工作有建议权。安全生产工作涉及从业人员的生命安全和身体健康。因此，职工有权参与用人单位的民主管理，并且通过这样的民主管理，充分调动其关心安全生产的积极性与主动性，为本单位的安全生产工作献计献策，提出意见与建议。

28. 什么是安全生产的批评、检举、控告权？

这里讲的批评权，是指职工对本单位安全生产工作中存在的问题提出批评的权利。这一权利规定有利于职工对用人单位的生产经营进行群众监督，促使用人单位不断改进本单位的安全生产工作。

这里讲的检举权、控告权，是指职工对本用人单位及有关人员违反安全生产法律法规的行为，有向主管部门和司法机关进行检举和控告的权利。检举可以署名，也可以不署名；可以用书面形式，也可以用口头形式。但是，职工在行使这一权利时，应注意检举和控告的情况必须真实，要实事求是。此外，法律明令禁止对检举者和控告者进行打击报复。

29. 女职工依法享有哪些特殊劳动保护权利？

女职工的身体结构和生理特点决定其应受到特殊劳动保护。女职工的体力一般比男职工差，特别是女职工在"五期"（经期、孕期、产期、哺乳期、围绝经期）有特殊的生理变化，所以女职工对工业生产过程中的有毒有害因素一般比男职工敏感。另外，高噪声环境、剧烈振动、放射性物质等都会对女性生殖机能和身体产生有害影响。因此，要做好和加强女职工的特殊劳动保护工作，避免和减少生产劳动过程给女职工带来的危害。

《女职工劳动保护特别规定》于 2012 年 4 月 18 日国务院第 200 次常务会议通过，以国务院令第 619 号公布施行。该规定对女职工的特殊劳动保护主要作出以下要求：

（1）用人单位应当加强女职工劳动保护，采取措施改善女职工劳动安全卫生条件，对女职工进行劳动安全卫生知识培训。

（2）用人单位应当遵守女职工禁忌从事的劳动范围的规定。用人单位应当将本单位属于女职工禁忌从事的劳动范围的岗位书面告知女职工。

（3）用人单位不得因女职工怀孕、生育、哺乳降低其工资、予以辞退、与其解除劳动或者聘用合同。

（4）女职工在孕期不能适应原劳动的，用人单位应当根据医疗机构的证明，予以减轻劳动量或者安排其他能够适应的劳动。对怀孕 7 个月以上的女职工，用人单位不得延长劳动时间或者安排夜班劳动，并应当在劳动时间内安排一定的休息时间。怀孕女职工在劳动时间内进行产前检查，所需时间计入劳动时间。

（5）女职工生育享受 98 天产假，其中产前可以休假 15 天；难产的，增加产假 15 天；生育多胞胎的，每多生育 1 个婴儿，增加产假 15 天。女职工怀孕未满 4 个月流产的，享受 15 天产假；怀孕满 4 个月流产的，享受 42 天产假。

（6）女职工产假期间的生育津贴，对已经参加生育保险的，按照用人单位上年度职工月平均工资的标准由生育保险基金支付；对未参加生育保险的，按照女职工产假前工资的标准由用人单位支付。女职工生育或者流产的医疗费用，按照生育保险规定的项目和标准，对已经参加生育保险的，由生育保险基金支付；对未参加生育保险的，由用人单位支付。

（7）对哺乳未满1周岁婴儿的女职工，用人单位不得延长劳动时间或者安排夜班劳动。用人单位应当在每天的劳动时间内为哺乳期女职工安排1小时哺乳时间；女职工生育多胞胎的，每多哺乳1个婴儿每天增加1小时哺乳时间。

（8）女职工比较多的用人单位应当根据女职工的需要，建立女职工卫生室、孕妇休息室、哺乳室等设施，妥善解决女职工在生理卫生、哺乳方面的困难。

（9）在劳动场所，用人单位应当预防和制止对女职工的性骚扰。

（10）用人单位违反有关规定，侵害女职工合法权益的，女职工可以依法投诉、举报、申诉，依法向劳动人事争议调解仲裁机构申请调解仲裁，对仲裁裁决不服的，可以依法向人民法院提起诉讼。

 法律提示

（1）女职工禁忌从事的劳动范围

1）矿山井下作业。

2）体力劳动强度分级标准中规定的第四级体力劳动强度的作业。

3）每小时负重 6 次以上、每次负重超过 20 千克的作业，或者间断负重、每次负重超过 25 千克的作业。

（2）女职工在经期禁忌从事的劳动范围

1）冷水作业分级标准中规定的第二级、第三级、第四级冷水作业。

2）低温作业分级标准中规定的第二级、第三级、第四级低温作业。

3）体力劳动强度分级标准中规定的第三级、第四级体力劳动强度的作业。

4）高处作业分级标准中规定的第三级、第四级高处作业。

（3）女职工在孕期禁忌从事的劳动范围

1）作业场所空气中铅及其化合物、汞及其化合物、苯、镉、铍、砷、氰化物、氮氧化物、一氧化碳、二硫化碳、氯、己内酰胺、氯丁二烯、氯乙烯、环氧乙烷、苯胺、甲醛等有毒物质浓度超过国家职业卫生标准的作业。

2）从事抗癌药物、己烯雌酚生产，接触麻醉剂气体等的作业。

3）非密封源放射性物质的操作，核事故与放射事故的应急处置。

4）高处作业分级标准中规定的高处作业。

5）冷水作业分级标准中规定的冷水作业。

6）低温作业分级标准中规定的低温作业。

7）高温作业分级标准中规定的第三级、第四级的作业。

8）噪声作业分级标准中规定的第三级、第四级的作业。

9）体力劳动强度分级标准中规定的第三级、第四级体力劳动强度的作业。

10）在密闭空间、高压室作业或者潜水作业，伴有强烈振动的作业，或者需要频繁弯腰、攀高、下蹲的作业。

（4）女职工在哺乳期禁忌从事的劳动范围

1）孕期禁忌从事的劳动范围的第一项、第三项、第九项。

2）作业场所空气中锰、氟、溴、甲醇、有机磷化合物、有机氯化合物等有毒物质浓度超过国家职业卫生标准的作业。

30. 为什么未成年工享有特殊劳动保护权利?

未成年工依法享有特殊劳动保护的权利。这是针对未成年工处于生长发育期的特点需要所采取的特殊劳动保护措施。

未成年工处于生长发育期,身体机能尚未健全,也缺乏生产知识和生产技能,过重及过度紧张的劳动,不良的工作环境,不适的劳动工种或劳动岗位,都会对他们产生不利影响,如果劳动过程中不进行特殊保护就会损害他们的身体健康。

如未成年少女长期从事负重作业和立位作业,可影响骨盆正常发育,导致其成年后生育难产发病率增高;未成年工对生产性毒物敏感性较高,长期从事有毒有害作业易引起职业中毒,影响其生长发育。

 法律提示

《中华人民共和国劳动法》(以下简称《劳动法》)第五十八条第二款规定,未成年工是指年满十六周岁未满十八周岁的劳动者。

第六十四条 不得安排未成年工从事矿山井下、有毒有害、国家规定的第四级体力劳动强度的劳动和其他禁忌从事的劳动。

第六十五条 用人单位应当对未成年工定期进行健康检查。

关于未成年工其他特殊劳动保护政策和未成年工禁忌作

业范围的规定，可查阅《中华人民共和国未成年人保护法》《未成年工特殊保护规定》等。

31. 签订劳动合同时应注意哪些事项？

劳动者在上岗前应和用人单位依法签订劳动合同，建立明确的劳动关系，确定双方的权利和义务。关于劳动保护和安全生产，在签订劳动合同时应注意两方面的问题：第一，在合同中要载明保障劳动者劳动安全、防止职业危害的事项；第二，在合同中要载明依法为劳动者办理工伤保险的事项。

遇有以下合同不要签：

（1）"生死合同"：在危险性较高的行业，用人单位往往在合同中写上一些逃避责任的条款，典型的如"发生伤亡事故，单位概不负责"。

（2）"暗箱合同"：这类合同隐瞒工作过程中的职业危害，或者采取欺骗手段剥夺劳动者的合法权利。

（3）"霸王合同"：有的用人单位与劳动者签订劳动合同时，只强调自身的利益，无视劳动者依法享有的权益，不容许劳动者提出意见，甚至规定"本合同条款由用人单位解释"等。

（4）"卖身合同"：这类合同要求劳动者无条件听从用人单位安排，用人单位可以任意安排加班加点，强迫劳动，使劳动者完全失去人身自由。

（5）"双面合同"：一些用人单位在与劳动者签订合同时准备了两份合同，一份合同用来应付有关部门的检查，另一份用来约束劳动者。

 法律提示

《安全生产法》规定：生产经营单位与从业人员订立的劳动合同，应当载明有关保障从业人员劳动安全、防止职业危害的事项，以及依法为从业人员办理工伤保险的事项。

生产经营单位不得以任何形式与从业人员订立协议，免除或者减轻其对从业人员因生产安全事故伤亡依法应承担的责任。

32. 职工工伤保险和工伤预防的义务主要有哪些?

权利与义务是对等的,有相应的权利,就有相应的义务。职工在工伤保险和工伤预防方面的义务主要有:

(1)职工有义务遵守劳动纪律和用人单位的规章制度,做好本职工作和被临时指定的工作,服从本单位负责人的工作安排和指挥。

(2)职工在劳动过程中必须严格遵守安全操作规程,正确使用劳动防护用品,接受劳动安全卫生教育和培训,配合用人单位积极预防事故和职业病防治工作。

（3）职工或其近亲属报告工伤和申请工伤待遇时，有义务如实反映发生事故和职业病的有关情况及工资收入、家庭有关情况；当有关部门调查取证时，应当给予配合。

（4）除紧急情况外，发生工伤的职工应当到工伤保险签订服务协议的医疗机构进行治疗，对于治疗、康复、评残要接受有关机构的安排，并给予配合。

33. 作业人员为何必须遵章守制与服从管理？

生产经营单位的安全生产规章制度、安全操作规程，是企业管理规章制度的重要组成部分。

根据《安全生产法》及其他有关法律、法规和规章的规定，生产经营单位必须制定本单位安全生产的规章制度和操作规程。作业人员必须严格依照这些规章制度和操作规程进行生产经营作业。单位的负责人和管理人员有权依照规章制度和操作规程进行安全管理，监督检查作业人员遵章守制的情况。依照法律规定，生产经营单位的作业人员不服从管理，违反安全生产规章制度和操作规程的，由生产经营单位给予批评教育，依照有关规章制度给予处分；造成重大事故，构成犯罪的，依照刑法有关规定追究刑事责任。

34. 为什么必须按规定佩戴和使用劳动防护用品？

作业人员在劳动生产过程中应履行按规定佩戴和使用劳动防

护用品的义务。

　　按照法律法规的规定，为保障人身安全，用人单位必须为作业人员提供必要的、安全的劳动防护用品，以避免或者减轻作业中的人身伤害。但在实践中，由于一些作业人员缺乏安全知识，心存侥幸或嫌麻烦，往往不按规定佩戴和使用劳动防护用品，由此引发的人身伤害事故时有发生。另外，有的作业人员由于不会或者没有正确使用劳动防护用品，同样也难以避免受到人身伤害。因此，正确佩戴和使用劳动防护用品是作业人员必须履行的法定义务，这是保障作业人员人身安全和生产经营单位安全生产的需要。

 血的教训

　　某日下午，某水泥厂包装工在进行倒料作业中，包装工王某因脚穿拖鞋，行动不便，重心不稳，左脚踩进螺旋输送机上部10厘米宽的缝隙内，正在运行的机器将其脚和腿绞了进去。王某大声呼救，其他人员见状立即停车并反转盘车，才将王某的脚和腿撤出。尽管王某被迅速送到医院救治，仍造成左腿高位截肢。

　　造成这起事故的直接原因是王某未按规定穿工作鞋，而是穿着拖鞋，在凹凸不平的机器上行走，失足踩进机器缝隙。这起事故告诉我们，上班作业必须按规定佩戴劳动防护用品，绝不允许穿着拖鞋上岗操作。一旦发现这种违章行为，班组长以及其他职工应该及时纠正。

35. 为什么应当接受安全教育和培训？

不同企业、不同工作岗位和不同的生产设施设备具有不同的安全技术特性和要求。随着高新技术装备的大量使用，用人单位对职工的安全素质要求越来越高。职工的安全意识和安全技能的高低，直接关系企业生产活动的安全可靠性。职工需要具有系统的安全知识，熟练的安全生产技能，以及对不安全因素、事故隐患、突发事故的预防、处理能力和经验。要适应企业生产活动的需要，职工必须接受专门的安全生产教育和业务培训，不断提高自身的安全生产技术知识和能力。

36. 发现事故隐患应该怎么办？

作业人员往往属于事故隐患和不安全因素的第一当事人。许多生产安全事故正是由于作业人员在作业现场发现事故隐患和不安全因素后，没有及时报告，以致延误了采取措施进行紧急处理的时机，最终酿成惨剧。相反，如果作业人员尽职尽责，及时发现并报告事故隐患和不安全因素，使之得到及时、有效的处理，就完全可以避免事故发生或降低事故损失。所以，发现事故隐患和不安全因素并及时报告是贯彻"安全第一、预防为主、综合治理"的方针，是加强事前防范的重要措施。

第3章
施工现场安全用电

37. 电气设备应当符合哪些一般安全技术规定？

（1）各类施工机械的电气装置实行专人负责制，必须按规程要求定期检查，确保运行正常。

（2）未经动力部门检查合格的电气设备，不准安装使用。

（3）低压电气设备和器材的绝缘电阻不得低于规定要求；露天使用的电气设备应有良好的防雨性能或采取有效的防雨措施；水淋受潮的设备须经绝缘测试合格后，方可使用。

（4）电动机应装过载和短路保护装置，并应根据需要装设断相和失压保护装置。每台电动机应有单独的操作开关。

（5）移动机具如空气压缩机、电焊机、平刨、圆锯等应装随机控制的交流接触或铁壳开关。

（6）施工现场的手持电动工具必须严格按照《手持式电动工具的管理、使用、检查和维修安全技术规程》（GB 3787—2017）和手持式可移动式电动工具的安全系列国家标准的要求进行管理、使用、检查和维修。

（7）电焊机的外壳应完好，其一次、二次侧的接线柱应有防护罩保护；其一次侧电源应用橡套电缆线，一般长度不得超过5米。

（8）施工现场临时照明线路必须由指定的现场电工按有关规定安装，限期拆除，严禁其他人擅自安装。

（9）现场的照明一律采用软质橡皮护套线并有漏电开关保护。

施工现场的照明电压规定：一般施工现场——220伏；工作手灯——36伏；危险场所——36伏；无触电保护措施的移动式照

明——36 伏；顶管管内作业——36 伏；工作面窄场所——12 伏；特别潮湿场所——12 伏；金属容器内——12 伏。

（10）移动式碘钨灯的金属支架应有可靠的接地（接零）保护和漏电开关保护；灯具距地不低于规定距离。

38. 电气设备保护接地和保护接零有什么安全规定？

（1）所有电气设备的金属外壳以及和电气设备连接的金属构架等，必须采取有效的接地或接零保护。

（2）中性点不接地系统中的电气装置外壳应采用保护接地，接地体、接地线及其连接必须严格按有关规定的要求选材和安装。

（3）中性点直接接地系统中的电气装置应采用保护接零，接零保护装置应严格按规范进行安装；低压架空线路的干线和分支线始端和终端以及沿线应有重复接地，配电箱及起重机道轨也应有重复接地。

（4）同一供电系统中，不能将一部分电气设备接地，而将另一部分电气设备接零。

（5）所有电气设备的保护零线应以并联方式与零干线连接；零线的断面不应小于相线载流量的一半，零线上不准装设开关和熔断器。单相电气设备必须设置单独的保护零线，不得利用设备自身的工作零线兼做接零保护。

（6）塔吊的接地极应在轨道的两端各设一组，每超过一定距离，应增设一组，其接地电阻应符合要求。

（7）金属脚手架、井架、塔吊和长度超过 10 米的建筑物，应按规定设置防雷装置和接地装置，接地电阻不得大于规定要求。

39. 配电箱如何保证安全?

（1）从现场总配电装置至各用电设备，应经过多级配电装置，各级配电装置的容量应与实际负载匹配，其结构型式、盘面布置和系统接线均要做到规范化。

（2）Ⅰ型电源配电箱（下杆电箱）作为总变配电装置后的第二级配电装置，应靠近用电集中处；Ⅱ型电源配电箱（分电箱）作为第三级配电装置，可直接向负载供电，应做到一闸一机，开关应采用与用电设备相匹配的漏电开关；Ⅲ型电源配电箱作为搅拌机、卷扬机等专用设备使用的第四级配电装置，应设在设备附近；配电箱内可设由漏电开关控制的备用插座，供维修时另接设备用。

（3）拖线箱作为移动式配电装置，必须有可靠的防雨措施和接地保护，开关或分路熔断器必须与用电设备匹配，同一箱内不得用单相三眼和三相四眼不同电源的插座。

（4）各类插座必须符合国家标准，并保护完好；单相电源的设备，必须使用单相三眼插座；插座上方应有单独分路熔丝保护，其接地线不准串联。

（5）各种熔断器的熔体必须严格按规定合理选用，各级熔体应相互匹配。

（6）各级配电箱应明确专人负责，做好检查维修和清洁工作；

配电箱内应保持整洁，不准存放任何东西；配电箱周围应保持通道的畅通。

（7）熔断器的熔体应采用合格的铅合金熔丝，严禁用铁丝、铝丝等非专用熔丝替代，严禁用多股熔丝代替一根较大的熔丝；容量在 60 安以上的，可以采用合格的铜熔丝。

40. 输配电线路有哪些安全规定？

（1）施工现场供电线路的安装架设应做到规范化、条理化，严禁乱拖乱拉。

（2）施工现场不得架设裸导线；输电干线、分支线及设备电源线的绝缘应符合规程要求；合杆多层架设的层间距一般不小于 0.6 米。

（3）架空导线的截面必须满足安全载流量、机械强度和电压损失的要求，工作零线与保护零线应分开。

（4）施工现场的架空线路与施工建筑物、大型起重设备必须保持规程规定的安全距离；架空线路与地面、道路必须保持规程规定的高度。

（5）施工现场位于高压架空线一侧，须搭设防护架，井架和脚手架高于高压线的部位必须全部张设安全网；起重机械不得在高压线下方作业，在其一侧工作时，起重臂、钢丝绳和吊物与高压线必须保持规程规定的安全距离。

（6）施工现场临时线路的架设，必须经动力设备部门批准，并签注使用期限，期满后必须立即拆除；临时线路必须由专职电工负责安装、维修和拆除。

（7）每幢建筑物的电源进线不得超过两路，如需用多路电源，应从分电箱合理配电。

（8）六级以上大风、大雪及雷雨天气，施工单位应立即组织巡视检查，发现问题应及时采取措施。

41. 变配电设施有哪些安全规定？

（1）现场临时变电所及其高低压线路装置均应严格按有关规定进行安装，经验收合格后，方准通电使用。

（2）现场临时变电所的选址要适当，变压器应安装在高于地面的基础上，周围设围墙；变电所外墙应张挂安全色标示警。

（3）变配电设备的检修维护及预防性试验应按规程规定的周期和要求进行；雷雨季节应严格按当地供电部门的检查提纲进行全面检查。

（4）严格按规程要求做好防雨雪、防汛、防火和防小动物的工作，保证变配电室有良好的通风条件，保持室内外整洁以及出入通道的畅通。

（5）严格执行高压停送电制度，发现变压器有异常情况时，应立即停机并报告。

（6）配电变压器与施工现场的沟槽（或竖井），应保持必要的安全距离。

（7）凡有人值班的变配电站安全都有较高要求，值班人员对变配电站及其内装备的各种电气设备的安全运行负有重要的责任；

值班人员应熟悉电气设备配置、性能和电气线路，单人值班不得单独从事检修工作，值班人员应有实际工作经验。

42. 施工现场如何进行电气安全管理？

（1）施工现场必须建立健全电气安全管理和责任制度，各级动力设备部门负责电气安全管理，公司和队均应设一名专职（或兼职）人员负责电气安全；各级安全管理部门负责监督检查；施工现场的各类电工在动力设备部门的指导下，负责管辖范围内的电气安全。

（2）各单位编制工程施工组织设计方案，必须有专项电气安全设计，包括输电线路的走向，固定配电装置的设置点及其配电容量，大型电气设备、集中用电设备的平面布置，应有针对性的电气安全技术措施，并严格按设计要求安装。

（3）施工现场的电气设备必须制定有效的安全技术措施。

（4）电气线路和设备安装完工后，由动力设备部门会同安全管理部门、施工单位进行验收，合格后方可投入运行。

（5）必须经常对现场的电气线路和设备进行安全检查；对电气绝缘、接地接零电阻、漏电保护器等开关是否完好情况，必须指定专人定期测试；台汛季节要强化检查，对查出的问题要编制电气安全技术措施计划限期解决。

（6）施工现场必须建立电气安全管理制度。施工现场电气安全管理制度一般包括：

1）凡是能触及或接近带电体的地方，均应采取绝缘、屏护以及保持安全距离等措施。

2）电力线路和设备的选型必须按国家标准限定安全载流量。

3）所有电气设备的金属外壳必须具备良好的接地或接零保护。

4）所有的临时电源和移动用电工具必须设置有效的漏电保护开关。

5）应有醒目的电气安全标志。

6）无有效安全技术措施的电气设备不准使用。

43. 施工现场电气安全技术制度有哪些？

（1）严格遵守各类电气设备、设施的安全技术操作规程。

（2）严格遵守电气安全值班负责制度和交接班制度。

（3）严格遵守电气设备、电气线路的检查、维修、保养制度。

（4）电工有权拒绝执行违反电气安全规程的指令，有权制止违反用电安全的行为。

（5）发生电气工伤、电气火灾和电气设备损坏等事故，必须按"四不放过"原则认真查处，并采取切实可行的防范措施。

"四不放过"原则是指：在调查处理工伤事故时，必须坚持事故原因未查清不放过；事故责任人未受到处理不放过；有关人员未受到教育不放过；整改措施未落实不放过。

44. 电气事故可分为哪几类？

电气事故是由失去控制的电能作用于人体或电气系统内能量传递发生故障而导致的人员伤亡或设备的损坏。电气事故可分为触电事故、静电事故、雷电灾害、射频辐射危害和电路故障五类。

（1）触电事故

触电事故是由电流的能量造成的，触电是指电流对人体的伤害。电流对人体的伤害可以分为电击和电弧烧伤，绝大部分触电伤亡事故都含有电击的成分。与电弧烧伤相比，电击对人员的致命危险性更大，而且在人体表面一般不留下明显的痕迹。

（2）静电事故

静电指生产工艺过程中或工作人员操作过程中，由于某些材料的相对运动（接触与分离等）而积累起来的相对静止的正电荷和负电荷。这些电荷周围的场中储存的能量不大，不会直接致命。但是，有时静电电压会高达数万乃至数十万伏，可能在现场发生放电，产生静电火花。在火灾和爆炸危险场所，静电火花是一种十分危险点火源。

（3）雷电灾害

雷电是云层放电，是由大自然形成并积累的电荷，也是在局部范围内暂时失去平衡的正电荷和负电荷。雷电放电具有电流大、电压高等特点，其能量释放出来可能产生极大的破坏力。雷击除可能毁坏设施和设备外，还可能直接伤及人、畜，甚至可能引起火灾和爆炸。

（4）射频辐射危害

射频辐射危害即电磁场伤害。人体在高频电磁场作用下吸收辐射能量，会使人的中枢神经系统、心血管系统等受到不同程度的伤害。射频辐射危害还表现为感应放电。

（5）电路故障

电路故障是由电能传递、分配、转换失去控制造成的。断线、短路、接地、漏电、误合闸、误掉闸、电气设备或电气元件损坏等都属于电路故障。电气线路或电气设备故障往往影响到人身安全。

45. 电工操作要注意哪些安全事项？

（1）电工作业时必须穿好绝缘鞋，一般情况下严禁带电作业。

（2）登高作业必须两人以上，并戴好安全帽，对用电现场采取安全措施，对所有用电设备要有良好的接地，发现问题及时修理，不得带电运转。

（3）检查时应切断电源，挂上带有"不准合闸"字样的告示牌。检修送电必须认真检查，确定无问题后才能送电。

（4）各种机械设备严禁超载运转，对违反安全操作规程的，

电工有权停止供电。

（5）现场传动机械必须做到一机一闸，严禁一闸多用。

（6）定期测试井架限位、避雷装置、漏电开关，发现失灵失效的必须及时调换。

（7）电工操作时，必须严格遵守《施工现场临时用电安全技术规范》（JGJ 46—2005）的规定进行作业。

46. 电工的岗位职责主要有哪些?

（1）必须持证上岗。

（2）必须掌握安全用电基本知识和用电设备的性能。

（3）使用设备前必须检查设备各部位的性能均属正常后方可通电使用。

（4）停用的设备必须拉闸断电，锁好开关箱。

（5）电工作业时必须穿戴好必要的劳动防护用品。

（6）严禁带电作业，设备严禁带病运行。

（7）保证电气设备、移动电动工具、临时用电线路的正常运行和安全使用。

（8）发生人身触电事故时，电工应能够立即采取有效的急救措施。

第4章
高处作业安全

47. 什么叫高处作业?

根据《建筑施工高处作业安全技术规范》(JGJ 80—2016)的规定,高处作业是指在坠落高度基准面2米以上(含2米)有可能坠落的高处进行的作业。

坠落高度基准面是在可能坠落范围内最低处的水平面。可能坠落的范围是以作业位置为中心,可能坠落距离为半径围合成的与水平面垂直的柱形空间。

高处作业高度(h)是指该作业区各作业位置至相应坠落高度基准面的垂直距离中的最大值。高处作业高度分为2~5米,5~15米,15~30米及30米以上4个区段。

可能坠落范围半径R,根据高度h不同分别是:

当高度 h 为 2~5 米时，半径 R 为 2 米；

当高度 h 为 5~15 米时，半径 R 为 3 米；

当高度 h 为 15~30 米时，半径 R 为 4 米；

当高度 h 为 30 米以上时，半径 R 为 5 米。

高度 h 为作业位置至其底部的垂直距离。

建筑施工的高处作业主要包括临边、洞口、攀登、悬空、操作平台及交叉等作业。

高处作业工作量大、操作人员多、员工的流动性大，加上多工种的交叉、立体作业，并且临时设施多，现场条件差，各种不安全因素多，因此事故发生也较多。

48. 能够直接引起高处坠落的客观危险因素有哪些?

（1）阵风风力五级（风速 8.0 米 / 秒）以上。

（2）《工作场所有害因素职工接触限值 第 2 部分：物理因素》（GBZ 2.2—2007）规定的 II 级或 II 级以上的高温作业。

（3）平均气温等于或低于 5 摄氏度的作业环境。

（4）接触冷水温度等于或低于 12 摄氏度的作业。

（5）作业场地有冰、雪、霜、水、油等易滑物。

（6）作业场所光线不足，能见度差。

（7）作业活动范围与危险电压带电体的距离小于规定值。

（8）立足处不是平面或只有很小的平面，即任一边小于 500 毫米的矩形平面，直径小于 500 毫米的圆形平面或具有类似尺寸的其他形状的平面，有摆动致使作业者无法维持正常姿势。

（9）《工作场所有害因素职业接触限值 第 2 部分：物理因素》（GBZ 2.2—2007）规定的Ⅲ级或Ⅲ级以上的体力劳动强度。

（10）存在有毒气体或空气中含氧低于 0.195 的作业环境。

（11）可能会引起各种灾害事故的作业环境和抢救突然发生的各种灾害事故。

按照《高处作业分级》（GB/T 3608—2008）的规定，不存在上述 11 种的任何一种客观危险因素的高处作业按表 4–1 规定的 A 类法分级，存在一种及以上客观危险因素的高处作业按 B 类法分级。

表 4–1　　　　　　高处作业分级

分类法	高处作业高度 h_w / 米			
	$2 \leq h_w \leq 5$	$5 < h_w \leq 15$	$15 < h_w \leq 30$	$h_w > 30$
A	Ⅰ	Ⅱ	Ⅲ	Ⅳ
B	Ⅱ	Ⅲ	Ⅳ	Ⅳ

49. 高处作业的安全技术措施一般有哪些？

（1）设置安全防护设施，如防护栏杆、挡脚板、洞口的封口盖板、临时脚手架和平台、扶梯、防护棚（隔离棚）、安全网等。

（2）设置通信装置，如为塔式起重机司机配备对讲机。

（3）高处作业周边部位设置警示标志，夜间挂有红色警示灯。

（4）设置足够的照明。

（5）穿防滑鞋，正确佩戴和使用安全帽、安全带等劳动防护用品。

（6）设置供作业人员上下的扶梯和斜道。

50. 如何预防物体打击事故伤害？

（1）伤害情形

1）在高处作业中，由于工具、零件、砖瓦、木块等物体从高处掉落伤人。

2）乱扔废物、杂物伤人。

3）起重吊装、拆装、拆模时，物料掉落伤人。

4）设备带病运行，设备中的物体飞出伤人。

5）设备运转中用铁棍捅卡料，导致铁棍弹出伤人。

6）压力容器爆炸的飞出物伤人。

7）放炮作业中的乱石伤人等。

（2）预防措施

1）高处作业时，禁止乱扔物料，清理楼内的物料应设溜槽或使用垃圾桶。手持工具和零星物料应随手放在工具袋内，安装、更换玻璃要有防止玻璃坠落措施，严禁乱扔碎玻璃。

2）吊运大件要使用有防止脱钩装置的吊钩和卡环，吊运小件要使用吊笼或吊斗，吊运长件要绑牢。

3）高处作业时，对斜道、过桥、跳板要明确专人负责维修、清理，不得存放杂物。

4）严禁操作带病设备。

5）排除设备故障或清理卡料前，必须停机。

6）放炮作业前，人员要隐蔽在安全可靠处，严禁无关人员进入作业区。

51. 拆除作业应注意哪些安全事项？

（1）在拆除前，应查明建筑物的结构和材料特点。作业前要划定危险区域，设置警戒人员和标志，禁止无关人员入内。禁止立体交叉作业，防止相邻部位坍塌伤人。

（2）了解拆除对象，掌握拆除房屋的结构以及煤气、水电等管路的分布和关闭情况。拆除整体的框架式钢筋混凝土建筑物，要注意钢筋特别是主筋的种类、位置与数目，以便正确地确定隔离缝。

（3）操作时，一定要戴好安全帽，高处作业要系好安全带，时刻注意站立面、位置是否安全可靠。

先停下！要先了解拆除房屋的结构以及煤气、水电等管路的分布和关闭情况。

（4）拆除作业一般应自上而下按顺序进行，先拆除非承重结构后再拆除承重结构，栏杆、楼梯和楼板拆除应与同层整体拆除进度相配合。

（5）作业人员应站在脚手架或其他稳固的结构部位上操作，不准在建筑物的屋面、楼板、平台上有聚集人群或集中堆放材料。拆除物禁止向下抛掷，拆卸下的各种材料应及时清理，分别堆放在指定的场所。

（6）一般遇到有风力在六级以上、大雾、雷暴雨、冰雪等影响作业安全的恶劣天气，应该禁止进行露天拆除作业。

52. 高处作业的安全管理措施主要有哪些内容？

（1）凡从事高处作业的人员，应经体检合格，达到法定劳动年龄，具有一定的文化程度，并接受过安全教育。从事架体搭设、起重机械拆装等高处作业的人员还应取得特种作业人员操作证或特种设备作业人员证。

（2）根据建筑施工安全技术操作规程有关规定，从事高处作业的人员要定期体检，凡患有高血压、心脏病、贫血病、癫痫病以及其他不适合从事高处作业的人员不得从事高处作业。

（3）因作业需临时拆除或变动安全防护设施时，必须经有关负责人同意并采取相应的可靠措施，作业后应立即恢复。

（4）遇有六级（风速 10.8 米 / 秒）以上强风、浓雾等恶劣天气，不得进行露天高处作业。

（5）高处作业所用材料要堆放平稳，工具应随手放入工具袋（套）内，严禁高处抛掷作业工具、材料等。

（6）严禁跨越或攀登防护栏杆以及脚手架和平台等临时设施

的杆件。

（7）雨天和雪天进行高处作业时，必须采取可靠的防滑、防寒和防冻措施，凡水、冰、霜、雪均应及时清除。高空作业衣着要灵便，禁止穿硬底和带钉易滑的鞋。

（8）没有安全防护设施，禁止在屋架的上弦、支撑、桁条、挑架的挑梁和未固定的构件上行走或作业。高空作业与地面联系，应设通信装置，并由专人负责。

（9）乘人的外用电梯、吊笼，应有可靠的安全装置。除指派的专业人员外，禁止攀登起重臂、绳索和随同运料的吊篮、吊装物上下。

（10）加强安全巡查。

53. 临边作业安全防护设施应如何设立？

在施工现场，坠落高度在 2 米及以上的作业面，如边缘无围护设施或有围护设施但其高度低于 800 毫米时，这类作业称为临边作业。尚未安装栏杆的阳台周边、无外架防护的屋面周边、框架工程楼层周边、上下通道斜道两侧边、卸料平台的外侧边一般称为建筑施工现场"五临边"。

临边作业安全防护设施的设立应满足以下几个方面的要求：

（1）临边作业的主要防护设施是防护栏杆和安全网。

（2）临边防护用的栏杆是由栏杆立柱和上下两道横杆组成，上横杆称为扶手。上横杆离地高度为 1.0~1.2 米，下横杆离地高度为 0.5~0.6 米。临边作业的防护栏杆应能承受 1 000 牛的外力撞击。

（3）当横杆长度大于 2 米时，应当加设栏杆立柱。

（4）在建筑施工现场用来防止人、物坠落或用来避免、减轻坠落及物体打击伤害的网具，统称安全网。安全网主要有平网和立网两种：水平方向安装，用来承接人和物坠落的垂直载荷的，称为安全平网；垂直方向安装，用来阻挡人和物坠落的水平载荷的，称为安全立网。

（5）防护栏杆必须自上而下用安全立网封闭或在栏杆下边设置高度不低于 180 毫米的挡脚板或 400 毫米的挡脚笆。对临街或人流密集处、斜坡屋面处、施工升降机的接料平台及通道两侧，应自上而下加挂密目安全网。

54. 洞口作业的安全防护措施有哪些？

在建筑施工现场的洞口旁，有 2 米及以上坠落高度的作业，统称为洞口作业。楼梯口、电梯井、预留洞口和通道口一般称为建筑施工现场"四口"。

洞口作业的防护措施主要有设置封口盖板、防护栏杆、栅门、格栅及架设安全网等方式。

（1）水平面上的洞口，应按口径大小设置不同的封口盖板。25~50 厘米的较小洞口、安装预制件的临时洞口，一般可用竹、木盖板封口；50~150 厘米较大的洞口，可用钢管扣件设置的网格或钢筋焊接成的网格（网格间距不大于 20 厘米）封口，然后盖上竹、木盖板并固定；边长大于 150 厘米的大洞口应在四周设置防护栏杆，并在洞口下方设置安全平网。

（2）垂直面上的洞口，一般采用工具式、开关式或固定式防护门，也可采用栏杆加挡脚板（笆）防护。

（3）施工升降机、物料提升机吊笼上料通道口，应装设有联锁装置的安全门；接料平台接料口应当设可开启的栅门，不进出时应处于关闭状态。

（4）电梯井口、立面洞口根据具体情况设防护栏或固定栅门、工具式栅门，电梯井内每隔两层或最多10米设一道安全平网。

（5）安全通道附近的各类洞口与场地上深度在2米以上的洞口等处，除设置防护设施与安全标志外，夜间还应设红灯示警。

55. 攀登作业使用梯子有哪些注意事项？

在施工现场，凡借助于登高工具或设施，在攀登条件下进行的高处作业，统称为攀登作业。由于人体在高空中且处于不断的移位活动状态，所以攀登作业有很大的危险性。在建筑施工现场，攀登作业使用的主要工具是梯子。攀登作业使用的梯子主要有移动梯、折梯、固定梯和挂梯四类。

攀登作业使用梯子时应有以下的注意事项：

（1）外购扶梯，必须符合有关标准的要求。

（2）踏板间距宜在30厘米左右，不得有缺档。

（3）踏板应当采用具有防滑性能的材料。

（4）踏板承载能力不得小于1 100牛。

（5）移动梯可接高使用，但只能接高一次。接高后连接部位的承载能力不得小于1 100牛。

（6）移动梯、折梯在使用中，不得用凳子、木箱等临时垫高。

（7）上下梯子时，必须面向梯子，一般情况下不得手持器物。

（8）梯子应当设置在周围相应的坠落半径外。

（9）使用移动梯和折梯时，旁边应另外有人看管、监护。

56. 什么是悬空作业？

施工现场，在周边临空状态下无立足点或无牢固可靠立足点的条件下进行的高处作业，称为悬空作业。建筑施工现场悬空作业主要有以下六大类：

（1）构件吊装与管道安装。

（2）模板及支架系统的搭设与拆卸。

（3）钢筋绑扎和安装钢骨架。

（4）混凝土浇筑。

（5）预应力现场张拉。

（6）门窗安装作业等。

悬空作业所使用的安全带挂钩、吊索、卡环和绳夹等必须符合相应标准规范的规定和要求。

57. 悬挑式操作平台的安全要求有哪些?

在施工现场常搭设各种临时性的操作台、架，用于砌筑、浇注、装修和设备安装等作业。在建筑施工现场，凡在一定工期内，用于承载物料、为作业人员提供操作活动空间的平台，统称为操作平台。施工现场常用的操作平台主要有移动式和悬挑式两种。

悬挑式操作平台具有操作面积大、承载力大和可周转使用等特点，其设计应符合相应的设计规范，搁支点和上端吊挂点都必须设在可靠的建筑物结构上，不得设置在脚手架等任何施工设施上；操作平台的临边应设置防护栏杆，在显著位置悬挂限载标志，不得超过设计允许载荷使用。

悬挑式钢平台应按相应规范通过计算进行结构设计，其构造应能有效防止其左右晃动。悬挑式钢平台的搁支点和拉结点，必须设在主体结构上，严禁将其设在脚手架等施工设备上。悬挑式钢平台四角应采用甲类 3 号沸腾钢制作的 4 个吊环，以备吊运钢平台时使用。吊运平台时应使用卡环，严禁用吊钩直接钩挂吊环。安装钢平台时应采用专用挂钩将钢丝绳挂牢，不得已采用普通钢丝绳卡时，每绳不得少于 3 个卡子。安装后的钢平台外口应略高于内口，钢平台两侧必须装设固定的防护栏杆和安全网。钢平台使用前后应有专人进行检查，发现钢丝绳有锈蚀、断丝或焊缝脱开等现象时，应及时修复或更换。

58. 交叉作业应注意哪些主要安全事项？

在建筑施工现场，往往上层结构还未完工，下层就开始砌筑填充墙、进行设备安装、装饰装修、物料运送等作业，人员频繁走动，极易造成坠物伤人事故。

施工现场上下不同层次，在空间贯通状态下同时进行的高处作业，称为交叉作业。交叉作业应注意以下安全事项：

（1）支模、砌筑、粉刷等立体交叉施工时，任何时间、场合都不允许在同一垂直方向进行作业。下层作业的位置必须处于上层高度物件可能坠落的范围之外，当无法满足上述要求时，必须设置安全防护棚或张拉双层安全平网。

（2）拆卸模板、脚手架、起重机械时，应在地面上设置警戒区，并设专人监护，警戒区内不得有其他人员进入和停留。

（3）临时堆放的拆卸器具、部件、物料等，离作业处边缘的距离不得小于 1 米，堆放高度不得超过 1 米。

（4）结构施工自二层起，有交叉施工的场合，应按规定设置安全平网；人员进出的通道口（包括物料提升机和施工升降机的进出料通道口）应设置安全通道；塔式起重机回转半径以内区域的加工作业区，应当设置防护棚（隔离棚）。

（5）防护棚（隔离棚）、安全通道的顶部，防穿透能力应不小于安全平网的防护能力；达到一定高度的交叉作业，防护棚（隔离棚）、安全通道的顶部应设置双层防护。

第5章
施工现场消防安全

59.建筑施工现场应采取哪些主要的消防安全措施?

（1）建立落实防火责任制。建筑工地施工人员多，往往几个单位在一个工地施工，管理难度大。因此，必须认真贯彻"谁主管，谁负责"的原则，明确安全责任，逐级签订安全责任书，确保安全。

（2）现场要有明显的防火宣传标志。必须配备消防用水和消防器材，要害部位应配备不少于4个灭火器，并经常检查、维护、保养，保证灭火器材灵敏有效。施工现场的义务消防队员要定期组织教育和培训。

（3）加强施工现场道路管理。合理规划施工现场，留出足够的防火间距。施工现场必须设置临时消防车道，其宽度不得小于3.5米，并保证消防通道全天候畅通，禁止在临时消防车道上堆物、堆料或挤占临时消防车道。

（4）加强对明火的管理。保证明火与可燃、易燃物堆场和仓库的防火间距，防止飞火，对残余火种应及时熄灭。

（5）加强电焊、气焊安全操作管理，切实加强临时用电和生活用电安全管理。

（6）在建筑施工现场消防管理中，还要对重点工种人员进行培训，特别是要对一些从事火灾危险性较大的工种，如电工、油漆工、焊工、锅炉工等进行专门的消防知识培训，保证施工安全。

60. 什么是三级动火审批制度?

所谓动火作业,是指在生产中动用明火或可能产生火种的作业,如熬沥青、烘砂、烤板等明火作业和凿水泥基础、打墙眼、电气设备的耐压试验、电烙铁锡焊、凿键槽、开坡口等易产生火花或高温的作业等都属于动火作业的范围。动火作业所用的工具一般是指电焊、气焊(割)、喷灯、砂轮、电钻等。

为保证消防安全,企业应设固定的动火车间(或场地),同时加强对临时动火的部位和场所管理,实行三级动火审批制度。

(1)一级动火审批

一级动火的情况有:禁火区域内;油罐、油槽车以及储存过可燃气体、易燃可燃液体的各种容器和设备;各种有压设备;危险性较大的高空焊割作业;比较密闭的房间、容器和场所;作业现场堆存有大量可燃和易燃物质等。一级动火审批制度的基本内容有:由要求进行焊割作业的车间或企业的行政负责人填写动火申请单,交调度部门,由其召集焊工、安全、保卫、消防等有关人员到现场,根据现场实际情况,议出安全实施方案,明确岗位责任,定出作业时间,由参加部门的有关人员在动火申请单上签字,然后交企业主管领导审批。对危险性特别大的动火项目,由企业向上级有关主管部门提出报告,经审批同意后,才能进行动火。

(2)二级动火审批

二级动火的情况有:在具有一定火险因素的非禁火区域内进行临时性焊割作业;小型的油箱、油桶等容器用火作业;登高焊割作业等。二级动火审批制度的基本内容有：由申请焊割作业者填写动火申请单，由车间或工段的负责人召集焊工、车间安全员进行现场检查，在落实安全措施的前提下，车间负责人、焊工和车间安全员在申请单上签字，并交给企业或保卫部门审批。

（3）三级动火审批

三级动火的情况有：凡属非固定的、没有明显火险因素的场所以及必须临时进行焊割的作业都属三级动火范围。三级动火审批制度的基本内容：由申请动火者填写动火申请单，由焊工、车间或工段安全员签署意见后，报车间或工段长审批。

61. 什么是建筑施工焊割作业"十不烧"？

建筑施工焊割作业必须坚持"十不烧"原则：

（1）焊工必须持证上岗，无特种作业操作证的人员，不准进行焊割作业。

（2）凡属一级、二级、三级动火范围，未经办理动火审批手续，不准进行焊割作业。

（3）焊工不了解现场周围情况，不准焊割。

（4）焊工不了解焊件内部是否安全时，不准焊割。

（5）各种装过可燃气体、易燃液体和有毒物质的容器，未经彻底清洗、排除危险性之前，不准焊割。

（6）用可燃材料作保温层，冷却层，隔声、隔热设备的组成材料，或处于火星能飞溅到的地方，在未采取切实可靠的安全措施之前，不准焊割。

（7）有压力或密闭的管道、容器，不准焊割。

（8）焊割部位附近有易燃易爆物品，在未作清理或未采取有效的安全措施前，不准焊割。

（9）附近有与明火作业相抵触的工种在作业时，不准焊割。

（10）与外单位相连的部位，在没有弄清有无险情，或明知存在危险而未采取有效的措施之前，不准焊割。

62. 专职消防队员的职责是什么？

企业专职消防队的任务主要是负责本企业的消防工作，但也负有支援国家综合性消防救援机构扑救火灾的任务和扑救邻近企业、居民建筑火灾的职责，其主要职责是：

（1）拟订本企业的消防工作计划。

（2）负责领导本企业内义务消防队的工作。

（3）组织防火班或防火员检查消防法规和各项消防制度的执行情况。

（4）开展防火检查，及时发现火险隐患，提出整改意见，并向有关领导汇报。

（5）配合有关部门对本企业职工进行消防宣传教育。

（6）维护保养消防设备和器材。

（7）经常进行灭火技术训练，制定灭火作战方案，定期组织灭火演练。

（8）发现火灾立即出动，积极进行扑救，并向国家综合性消防救援机构报告。

（9）协助本企业有关部门调查火灾原因，提出处理意见。

（10）配合国家综合性消防救援机构参加灭火战斗。

企业职工必须认真遵守消防法规，履行法律赋予的消防安全职责，这是保障社会财富免遭火灾危害，保护公共消防设施免遭破坏的重要基础。

63. 建筑装修中应采用哪些防火安全措施？

（1）建筑内部装修设计应妥善处理装修效果和安全使用的矛盾，积极采用不燃性材料和难燃性材料，尽量避免采用燃烧时会产生大量浓烟或有毒气体的材料，做到安全适用、技术先进、经济合理。

（2）装修材料应该严格选用符合防火等级标准的合格材料。

（3）当采用不同装修材料进行分层装修时，各层装修材料的燃烧性能等级均应符合消防规范要求。

（4）当建筑内部顶棚或墙面表面局部采用多孔或泡沫状塑料时，其厚度不应大于 15 毫米，且面积不得超过该房间顶棚或墙面积的 10%。

（5）应该根据被装修建筑的使用性质，严格按照标准区别所用装修材料。

64. 常用的灭火器有哪些类型？

发生火灾时，不论是火灾的哪个阶段，使用灭火器进行扑救时，首先要根据火灾发生的性质和火场存在的物质，正确选用灭火器材。

（1）水型灭火器

这类灭火器中充装的灭火剂主要是水，另外还有少量的添加剂。清水灭火器、强化液灭火器都属于水型灭火器，主要适用扑救可燃固体类物质如木材、纸张、棉麻织物等的初起火灾。

（2）空气泡沫灭火器

这类灭火器中充装的灭火剂是空气泡沫液。根据空气泡沫灭火剂种类的不同，空气泡沫灭火器又可分蛋白泡沫灭火器、氟蛋白泡沫灭火器、水成膜泡沫灭火器和抗溶泡沫灭火器等，主要适用扑救可燃液体类物质如汽油、煤油、柴油、植物油、油脂等的初起火灾，也可用于扑救可燃固体类物质如木材、棉花、纸张等的初起火灾。对极性（水溶性）如甲醇、乙醚、乙醇、丙酮等可燃液体的初起火灾，只能用抗溶性空气泡沫灭火器扑救。

（3）干粉灭火器

这类灭火器内充装的灭火剂是干粉。根据所充装的干粉灭火剂种类的不同，有碳酸氢钠干粉灭火器、钾盐干粉灭火器、氨基干粉灭火器和磷酸铵盐干粉灭火器。我国主要生产和发展碳酸氢钠干粉灭火器和磷酸铵盐干粉灭火器，碳酸氢钠适用于扑救可燃液体和气体类火灾，其灭火器又称 BC 干粉灭火器；磷酸铵盐干粉适用于扑救可燃固体、液体和气体类火灾，其灭火器又称 ABC 干粉灭火器。因此，干粉灭火器主要适用扑救可燃液体、气体类物质和电气设备的初起火灾。ABC 型干粉灭火器也可以扑救可燃固体类物质的初起火灾。

（4）二氧化碳灭火器

这类灭火器中充装的灭火剂是加压液化的二氧化碳，主要适用扑救可燃液体类物质和带电设备的初起火灾，如图书、档案、精密仪器、电气设备等的火灾。

（5）7150 灭火器

这类灭火器内充装的灭火剂是 7150 灭火剂（即三甲氧基硼氧六环）。主要适用于扑救轻金属如镁、铝、镁铝合金、海绵状钛，以及锌等的初起火灾。

65. 建筑施工现场灭火器材的配备有哪些要求？

临时搭设的建筑物区域内应按规定配备消防器材。一般临时设施区，每 100 平方米配备两只 10 升灭火器；大型临时设施总面积超过 1 200 平方米的，应备有专供消防用的太平桶、积水桶（池），黄砂池等器材设施。上述设施周围不得堆放物品。

临时木工间，油漆间，木、机具间等每 25 平方米应配置一只种类合适的灭火器；油库、危险品仓库应配备足够数量、种类合适的灭火机。

施工现场应配备足够的消防器材，指定专人维护、管理、定期更新，保证完整好用。

66. 干粉灭火器如何正确使用？

（1）储压式干粉灭火器

储压式干粉灭火器将干粉与动力（压缩）气体装于一体，其结构主要由筒体、筒盖、出粉管及喷射管组成。使用时，先使灭火器上下颠倒并摇晃几次，使内部干粉松动并与压缩气体充分混合。然后摆正灭火器，拔出手压柄和固定柄（提把）间的保险销，右手握住灭火器喷射管，左手用力压下并握紧两个手柄，使灭火器开启，待干粉射流喷出后，右手根据火灾情况，上下左右摆动，将干粉喷于火焰根部灭火。

（2）外储气瓶式干粉灭火器

这类灭火器主要由二氧化碳钢瓶、筒身、出粉管及喷嘴组成。使用时用力向上提起储气钢瓶上部的开启提环，随后右手迅速握住喷管，左手提起灭火器，通过移动和喷管摆动，将干粉射流喷于火焰根部灭火。

（3）内储气瓶式干粉灭火器

这种干粉灭火器与外储气瓶式相比，其压缩气体小钢瓶装在灭火器内。使用时，拔下保险销，右手迅速握住喷管，左手将手压柄压下并提起灭火器，灭火器则会立即开启。待干粉射流喷出后，右手掌握喷管，将干粉射流对准火焰根部喷射灭火。

使用干粉灭火器时，要注意由上风向向下风向喷射，以免风力影响灭火效果，造成灭火剂的浪费。使用时还要注意，开启操作时，不要距离燃烧物太远，并在喷射时要变换位置或摆动喷射管，从不同的角度对火灾进行扑救，以提高灭火效率。

67. 特殊建筑施工现场有哪些防火要求？

（1）高度为24米以上的高层建筑施工现场，应设置具有足够扬程的高压水泵或其他防火设备和设施，并根据施工现场的实际要求，增设临时消防水箱，以保证有足够的消防水源。

（2）高层建筑施工楼面应配备专职防火监护人员，巡回检查各施工点的消防安全情况。进入内装饰施工阶段，要明确规定吸烟点。

（3）高层建筑和地下工程施工现场应备有通信报警装置，以便于及时报告险情。

（4）严禁在屋顶用明火熔化沥青。

（5）古建筑和重要文物单位，应由主管部门、使用单位会同施工单位共同制定消防安全措施，报上级管理部门和当地消防救援部门批准后，方可开工。

（6）施工作业期间需搭设临时性建筑物，必须经施工企业技术负责人批准，施工结束应及时拆除。但不得在高压架空线下面搭设临时性建筑物或堆放可燃物品。

68. 身处建筑内火场如何避险逃生？

（1）镇定自救

沉着冷静，辨明方向，迅速撤离危险区域。如果火灾现场人员较多，切不可慌张，更不要相互拥挤、盲目跟从或乱冲乱撞、相互踩踏，以防造成意外伤害。

（2）选择逃生路径

在高层建筑中，电梯的供电系统在火灾发生时会随时断电。因此，发生火灾时千万不可乘普通电梯逃生，而要根据情况选择进入相对安全的楼梯、消防通道、有外窗的通廊等。此外，还可以利用建筑物的阳台、窗台、天台屋顶等攀爬到周围的安全地点。

（3）创造条件

在救援人员还不能及时赶到的情况下，可以迅速利用身边的绳索或床单、窗帘、衣服等自制成简易救生绳，有条件的最好用水浸湿，然后从窗台或阳台沿绳缓滑到下面楼层或地面，还可以沿着水管、避雷线等建筑结构中的凸出物滑到地面安全逃生。

（4）暂避等待

暂避到较安全的场所，等待救援。假如用手摸房门已感到烫手，或已知房间被大火或烟雾围困，此时切不可打开房门，否则火焰与浓烟会顺势冲进房间。这时可采取创造避难场所、固守待援的办法。首先应关紧迎火的门窗，打开背火的门窗，用湿毛巾或湿布条塞住门窗缝隙，或者用水浸湿棉被蒙上门窗，并不停地泼水降温，同时用水淋湿房间内的可燃物，防止烟火侵入。

（5）对外联络

设法发出信号，寻求外界帮助。被烟火围困暂时无法逃离的人员，应尽量站在阳台或窗口等易于被人发现和能避免烟火近身的地方。白天可以向窗外晃动颜色鲜艳的衣物，晚上可以用手电筒不停地在窗口闪动或者利用敲击金属物、大声呼救等方式，引起救援者的注意。

第6章
施工常用机械设备
安全使用

69.混凝土搅拌机安全操作注意事项有哪些?

（1）作业前，应先启动搅拌机空载运转，以便确认搅拌筒或叶片旋转方向与筒体上箭头所示方向一致。对于反转出料的搅拌机，应使搅拌筒正、反转运转数分钟，以确定无冲击抖动现象和异常噪声。

（2）搅拌机启动后，应在搅拌筒达到正常转速后再进行上料，上料时应及时加水。每次加入的拌和料不得超过搅拌机的额定容量并应减少物料黏罐现象，加料的次序应为石子→水泥→砂子或砂子→水泥→石子。

（3）进料时，严禁将头或手伸入料斗与机架之间。运转中，严禁用手或工具伸入搅拌筒内扒料、出料。

（4）搅拌机作业中，当料斗升起时，严禁任何人在料斗下停留或通过；当需要在料斗下检修或清理料坑时，应将料斗提升后用铁链或插销锁住。

（5）作业后，应对搅拌机进行全面清理；当操作人员需进入筒内时，必须切断电源或卸下熔断器，锁好开关箱，挂上"禁止合闸"标牌，并应有专人在外监护。

70. 砂浆搅拌机安全操作注意事项有哪些？

（1）应有牢靠的基础，移动式搅拌机应采用方木或撑架固定，并保持水平。

（2）作业前应检查并确认传动机构、工作装置、防护装置等牢固可靠，三角胶带松紧度适当，搅拌叶片和筒壁间隙在3~5毫米之间，搅拌轴两端应密封良好。

（3）运转中，严禁用手或木棒等伸进搅拌筒内，或在筒口清理灰浆。

（4）作业中，当发生故障不能继续搅拌时，应立即切断电源，将筒内灰浆倒出，待排除故障后方可使用。

（5）固定式搅拌机的上料斗应能在轨道上移动；料斗提升时，严禁斗下有人。

（6）作业后，应清除机械内外砂浆和积料，用水清洗干净。

71. 插入式振动器安全操作注意事项有哪些？

（1）插入式振动器的电动机电源上应安装漏电保护装置，接地或接零应安全可靠。

（2）电缆线应满足操作所需的长度。电缆线上不得堆压物品或被车辆挤压，严禁用电缆线拖拉或吊挂振动器。

（3）振动器不得在初凝的混凝土、地板、脚手架和干硬的地面上进行试振，在检修或作业间断时，应断开电源。

（4）作业时，振动器的棒软管的弯曲半径不得小于500毫米，并不得多于两个弯；操作时应将振动棒垂直地沉入混凝土中，不得用力硬插、斜堆或让钢筋夹住棒头；不得将振动棒全部插入混凝土中，插入深度不应超过棒长的3/4，不宜触及钢筋、芯管及预埋件。

（5）振动器软管不得出现断裂，当软管使用过久而长度增长时，应及时修复或更换。

（6）作业完毕，应将电动机、软管、振动棒清理干净，并按规定进行保养作业；振动器存放时，不得堆压软管，应平直放好，并应对电动机采取防潮措施。

（7）插入式振动器操作人员应经过用电安全教育，作业时应穿戴绝缘胶鞋和绝缘手套。

72. 挤压式灰浆泵安全操作注意事项有哪些?

（1）作业前，应先用水、再用白灰膏润滑输送管道后，方可加入灰浆，开始泵送。

（2）料斗加满灰浆后，应停止振动，待灰浆从料斗泵送完时，再加新灰浆振动筛料。

（3）泵送过程应注意观察压力表；当压力迅速上升，有堵管现象时，应反转泵送 2~3 转，使灰浆返回料斗，经搅拌后再泵送；当多次正反泵仍不能畅通时，应停机检查，排除堵塞。

（4）工作间歇时，应先停止送灰，后停止送气，同时防止气嘴被灰堵塞。

（5）作业后，应将泵机和管路系统全部清洗干净。

（6）挤压式灰浆泵使用前，应先接好输送管道，并往料斗加注清水；起动灰浆泵，当输送胶管出水时，应折起胶管，待升到额定压力时停泵，观察各部位有无渗漏现象。

73. 喷浆机安全操作注意事项有哪些？

（1）喷涂前，应对石灰浆采用 60 目（孔径 0.25 毫米）筛网过滤两遍。

（2）喷嘴孔径宜为 2.0~2.8 毫米，当孔径大于 2.8 毫米时，应及时更换。

（3）泵体内不得无液体干转。在检查电动机旋转方向时，应先打开料桶开关，让石灰浆流入泵体内部后，再开动电动机带泵旋转。

（4）作业后，应往料斗不断注入清水，开泵清洗直到水清为止，再倒出泵内积水，清洗疏通喷头座及滤网，并将喷枪擦洗干净。

（5）长期存放前，应清除前、后轴承座内的石灰浆积料，堵塞进浆口，从出浆口注入机油约 50 毫升，再堵塞出浆口，开机运转约 30 秒，使泵体内润滑防锈。

通常建筑施工用石灰浆的密度应为 1.06~1.10 克／立方厘米。

74. 钢筋冷拉机安全操作注意事项有哪些?

（1）冷拉场地应在两端地锚外侧设置警戒区，并安装防护栏及警告标志，无关人员不得在此停留。操作人员在作业时必须距离钢筋2米以上。

（2）用配重控制的设备应与滑轮匹配，并有指示起落的记号，没有指示记号时应有专人指挥；配重框提起时高度应限制在距地面300毫米以内，配重架四周应有栏杆及警告标志。

（3）卷扬机操作人员必须看到指挥人员发出信号，并待所有人员离开危险区后方可作业；冷拉应缓慢、均匀；当有停车信号或见到有人进入危险区时，应立即停拉，并稍稍放松卷扬钢丝绳。

（4）用延伸率控制的装置，应装设明显的限位标志，并有专人负责指挥。

（5）夜间作业的照明设施，应装设在张拉危险区外；当需要装设在场地上空时，其高度应超过 5 米；灯泡应加防护罩，导线严禁采用裸线。

（6）作业后，应放松卷扬钢丝绳，落下配重，切断电源，锁好开关箱。

75. 钢筋切断机安全操作注意事项有哪些?

（1）机械未达到正常转速时，不得切料；切料时，应使用切刀的中、下部位，紧握钢筋对准刃口迅速投入，操作者应站在固定刀片一侧用力压住钢筋，以防止钢筋末端弹出伤人；严禁用两手分在刀片两边握住钢筋俯身送料。

（2）不得剪切直径及强度超过机械铭牌规定的钢筋和烧红的钢筋；一次切断多根钢筋时，其总截面面积应在规定范围内。

（3）切断短料时，手和切刀之间的距离应保持在 150 毫米以上，如手握端小于 400 毫米时，应采用套管或夹具将钢筋短头压住或夹牢。

（4）运转中，严禁用手直接清理切刀附近的断头和杂物；钢筋摆动周围和切刀周围，不得停留非操作人员。

（5）当发现机械运转不正常、有异常响声或切刀歪斜时，应立即停机检修。

（6）作业后，应切断电源，用钢刷清除切刀间的杂物，然后进行整机清洁润滑。

（7）手动液压式切断机在使用前，应将放油阀按顺时针方向旋紧，切割完毕后，立即按逆时针方向旋松；作业中，应戴好绝缘手套并持稳切断机。

76. 钢筋弯曲机安全操作注意事项有哪些？

（1）应检查并确认芯轴、挡铁轴、转盘等无裂纹和损伤，防护罩应坚固可靠，空载运转正常后，方可作业。

（2）作业时，应将钢筋需弯一端插入转盘固定销的间隙内，另一端紧靠机身固定销，并用手压紧；应检查机身固定销并确认其安放在挡住钢筋的一侧，方可开动机器。

这种钢筋超过机器铭牌规定直径，不能作业！况且我们还没戴护目镜！

（3）在弯曲钢筋的作业半径内和机身不设固定销的一侧严禁

站人；弯曲好的半成品，应堆放整齐，弯钩不得朝上。

（4）作业后，应及时清除转盘及插入座孔内的铁锈、杂物等。

（5）对超过机械铭牌规定直径的钢筋严禁进行弯曲；在弯曲未经冷拉或带有锈皮的钢筋时，应戴防护镜。

77. 钢筋冷镦机安全操作注意事项有哪些?

（1）应根据钢筋直径，配换相应夹具。

（2）应检查并确认模具、中心冲头无裂纹，并应校正上下模具与中心冲头的同心度，紧固各部螺栓，做好安全防护。

（3）启动后应先空载运转，调整上下模具紧度，对准冲头模进行镦头校对，确认正常后，方可作业。

（4）机械未达到正常转速时，不得镦头；当镦出的头大小不均匀时，应及时调整冲头与夹具的间隙；冲头导向块应保持足够的润滑。

（5）钢筋或钢丝的直径应符合多工位冷镦机的要求，不能冷镦过粗或过细的钢筋或钢丝。

78. 弯管机安全操作注意事项有哪些?

弯管机可以将材料弯成各种各样的形状，如将工字钢、槽钢、角铁、线材等弯成轧盘管、U 形管、半管、盘香管等，是建筑施工现场常用的机械之一。

目前常用的弯管机可分为数控弯管机、液压弯管机等类型，在使用过程中的主要安全操作注意事项有：

（1）作业场所应设置围栏。

（2）作业前，应先空载运转，确认正常后，再套模弯管。

（3）应按加工管径选用管模，并按顺序放好。

（4）不得在管子和管模之间加油。

（5）应夹紧机件，导板支承机构应按弯管的方向及时进行换向。

（6）作业时，非操作和辅助人员不得在机械四周停留观看。

（7）作业后，应切断电源，锁好电闸箱，并做好日常保养工作。

79. 咬口机安全操作注意事项有哪些？

咬口机又称辘骨机、咬缝机、咬边机、风管咬口机、风管辘骨机等，是一种多功能的机种，主要用于板材连接和圆风管闭合连接的咬口加工。

咬口机分为多功能咬口机、联合角咬口机、插条咬口机、平口咬口机、弯头咬口机等类型，在使用过程中的主要安全操作注意事项有：

（1）应先空载运转，确认正常后，方可作业。

（2）工件长度、宽度不得超过机具允许范围。

（3）作业中，当有异物进入辊轮中时，应及时停机修理。

（4）严禁用手触摸转动中的辊轮；用手送料到末端时，手指必须离开工件。

（5）作业时，非操作和辅助人员不得在机械四周停留观看。

（6）作业后，应切断电源，锁好电闸箱，并做好日常保养工作。

80. 混凝土切割机安全操作注意事项有哪些？

（1）使用前，应检查并确认电动机、电缆线均正常，保护接地良好，防护装置安全有效，锯片选用符合要求，安装正确。

（2）操作人员应双手按紧工件，均匀送料，在推进切割机时，不得用力过猛；操作时不得戴手套。

（3）切割厚度应按机械出厂铭牌规定进行，不得超厚切割。

（4）加工件送到与锯片相距300毫米处或切割小块料时，应使用专用工具送料，不得直接用手推料。

（5）严禁在运转中检查、维修各部件；锯台上和构件锯缝中的碎屑应采用专用工具及时清除，不得用手拣拾或擦拭。

（6）作业后，应清洗机身，擦干锯片，排放水箱余水，收回电缆线，并存放在干燥、通风处。

（7）混凝土切割机启动后，应空载运转，检查并确认锯片运转方向正确，升降机构灵活，运转中无异常、异响，一切正常后，方可作业。

81. 手持电动工具安全操作注意事项有哪些？

（1）外壳、手柄应无裂缝、破损，保护接地（接零）连接正确、牢固可靠，电缆软线及插头等应完好无损，开关动作应正常，并注意开关的操作方法，电气保护装置良好、可靠，机械防护装置齐全。

（2）手持砂轮机、角向磨光机，必须装防护罩；操作时，加力要平稳，不得用力过猛。

（3）严禁超负荷使用，随时注意声响、温升，发现异常应立即停机检查；作业时间过长，温度升高时，应停机待自然冷却后再进行作业。

（4）作业中，不得用手触摸刃具、模具、砂轮，发现有磨钝、破损情况时应立即停机修整或更换后再行作业。

（5）机具运转时不得撒手。

（6）使用冲击电钻注意事项：

1）钻头应顶在工件上再打钻，不得空打和顶死。

2）钻孔时应避开混凝土中的钢筋。

3）必须垂直地顶在工件上，不得在钻孔中晃动。

4）使用直径在25毫米以上的冲击电钻时，作业场地周围应设护栏；在地面以上操作应有稳固的平台。

第 **7** 章
安全标志与劳动防护用品使用

82. 什么是安全色?

所谓安全色,是指用以传递安全信息含义的颜色,包括红、蓝、黄、绿四种颜色。

(1)红色用以传递禁止、停止、危险或者提示消防设备、设施的信息,如禁止标志等。

(2)蓝色用以传递必须遵守规定的指令性信息,如指令标志等。

(3)黄色用以传递注意、警告的信息,如警告标志等。

(4)绿色用以传递安全的提示信息,如提示标志、车间内或工地内的安全通道等。

安全色普遍适用于公共场所、生产经营单位和交通运输、建筑、仓储等行业以及消防等领域所使用的信号和标志的表面颜色。

对比色是指使安全色更加醒目的反衬色，包括黑、白两种颜色。安全色与对比色同时使用时，应按表 7-1 的规定搭配使用。

表 7-1　　　　　　　　　安全色的对比色

安全色	对比色
红色	白色
蓝色	白色
黄色	黑色
绿色	白色

83. 什么是安全标志？

安全标志是由安全色、几何图形和图形符号构成的，是用来表达特定安全信息的标记，分为禁止标志、警告标志、指令标志和提示标志四类。

禁止标志的含义是禁止人们的不安全行为。例如：

禁止吸烟　　　　　　禁止跨越　　　　　　禁止饮用

警告标志的含义是提醒人们对周围环境引起注意，以避免可能发生的危险。例如：

当心触电　　　　　　当心火灾　　　　　　注意安全

指令标志的含义是强制人们必须做出某种动作或采取防范措施。例如：

必须戴防尘口罩　必须系安全带　必须戴安全帽

提示标志的含义是向人们提供某种信息（如标明安全设施或场所等）。例如：

紧急出口　避险处　可动火区

安全标志一般设在醒目的地方，人们看到后有足够的时间来注意它所表示的内容。不能设在门、窗、架子等可移动的物体上，因为这些物体位置移动后安全标志就起不到作用了。

对比色在使用时，黑色用于安全标志的文字、图形符号和警告标志的几何图形；白色作为红、蓝、绿色的背景色，也可用于安全标志的文字和图形符号；红色和白色、黄色和黑色间隔条纹，是两种较醒目的标示；红色与白色交替，表示禁止越过，如道路及禁止跨越的防护栏杆等；黄色与黑色交替，表示警告危险，如防护栏杆、吊车吊钩的滑轮架等。

84. 建筑施工常见安全标志有哪些？

建筑施工现场环境复杂，安全标志具有举足轻重的作用。适时适地悬挂适用的安全标志，使作业人员增强了安全意识，时刻敲响安全警钟，对预防建筑施工可能发生的安全事故起到了积极作用。

（1）施工现场醒目处设置注意安全、禁止吸烟、必须系安全带、必须戴安全帽、必须穿防护服等标志。

（2）施工现场及道路坑、沟、洞处设置当心坑洞标志。

（3）施工现场较宽的沟、坑及高空分离处设置禁止跨越标志。

（4）未固定设备、未经验收合格的脚手架及未安装牢固的构件设置禁止攀登、禁止架梯等标志。

（5）吊装作业区域设置警戒标识线并设置禁止通行、禁止入内、禁止停留、当心吊物、当心落物、当心坠落等标志。

（6）高处作业、多层作业下方设置禁止通行、禁放易燃物、禁止停留等标志。

（7）高处通道及地面安全通道设置安全通道标志。

（8）高处作业位置设置必须系安全带、禁止抛物、当心坠落、当心落物等标志。

（9）梯子入口及高空梯子通道设立注意安全、当心滑跌、当心坠落等标志。

（10）电源及配电箱设置当心触电等标志。

（11）电气设备试验、检验或接线操作，设置有人操作、禁止合闸等标志。

（12）临时电缆（地面或架空）设置当心电缆等标志。

（13）氧气瓶、乙炔瓶存放点设置禁止烟火、当心火灾等标志。

（14）仓库及临时存放易燃易爆物品地点设置禁止吸烟、禁止火种等标志。

（15）射线作业按规定设置安全警戒标识线，并设置当心电离辐射等标志。

（16）滚、剪板等机械设备设立当心设备伤人、注意安全等标志。

（17）施工道路设立当心车辆及其他限速、限载等标志。

（18）施工现场及办公室设置火灾报警电话等标志。

（19）施工现场"五口"作业处应设置防护栏杆并设置当心滑跌、当心坠落等标志。

（20）紧急疏散场所设置紧急集合点、饮水处等标志。

85. 建筑施工现场安全标志设置一般方法有哪些?

（1）高度

安全标志牌的设置高度应与人眼的视线高度一致，禁止烟火、当心坠物等环境信息标志牌下边缘距离地面高度不能小于 2 米；禁止乘人、当心伤手、禁止合闸等局部信息标志牌的设置高度应视具体情况而定。

（2）角度

标志牌的平面与视线夹角应接近 90 度，观察者位于最大观察距离时，最小夹角不低于 75 度。

（3）位置

标志牌应设在与安全有关的醒目和明亮地方，并使大家看见后，有足够的时间来注意它所表示的内容。环境信息标志牌宜设在有关场所的入口和醒目处，局部信息标志牌应设在所涉及的相应危险地点或设备（部件）附近的醒目处。

（4）顺序

同一位置必须同时设置不同类型的多个标志牌时，应按照警告、禁止、指令、提示的顺序，先左后右、先上后下排列。

（5）固定

建筑施工现场设置的安全标志牌的固定方式主要为附着式、悬挂式两种，在其他场所也可采取柱式。悬挂式和附着式的固定应稳固不倾斜，柱式的标志牌和支架应牢固地连接在一起。

标志牌一般不宜设置在移动的物体上，以免这些物体位置移动后，看不见安全标志。标志牌前不得放置妨碍认读的障碍物。

86. 劳动防护用品有多少种类？

（1）按防护性能分类

按劳动防护用品防护性能分为特种劳动防护用品和一般劳动防护用品。特种劳动防护用品可分为6大类：头部护具类、呼吸护具类、眼（面）护具类、防护服类、防护鞋类、防坠落护具类。未列入特种劳动防护用品目录的劳动防护用品为一般劳动防护用品，如一般的工作服、手套等。

（2）按防护部位分类

按劳动防护用品防护部位分类：头部防护用品、呼吸器官防护用品、眼面部防护用品、听觉器官防护用品、手部防护用品、足部防护用品、躯干防护用品、护肤用品。

（3）按用途分类

1）按防止伤亡事故的用途可分为防坠落用品、防冲击用品、防触电用品、防机械外伤用品、耐酸碱用品、耐油用品、防水用品、防寒用品等。

2）按预防职业病的用途可分为防尘用品、防毒用品、防噪声用品、防振动用品、防辐射用品、防高低温用品等。

（4）选用原则

劳动防护用品应当遵循以下的选用原则：

1）根据国家标准、行业标准或地方标准选用。

2）根据生产作业环境、劳动强度以及生产岗位接触有害因素的存在形式、性质、浓度（或强度）和防护用品的防护性能进行选用。

3）穿戴要舒适方便，不影响工作。

87. 使用劳动防护用品要注意什么？

在工作场所必须按照要求佩戴和使用劳动防护用品。劳动防护用品是根据生产工作的实际需要发给个人的，每个职工在生产工作中都要好好地应用它，以达到预防事故、保障个人安全的目的。使用劳动防护用品要注意的问题有：

（1）选择防护用品应针对防护目的，正确选择符合要求的用品，绝不能选错或将就使用，以免发生事故。

（2）对使用防护用品的人员应进行教育和培训，使其能充分了解使用目的和意义，并正确使用。对于结构和使用方法较为复杂的劳动防护用品如呼吸防护器，应进行反复训练，使人员能熟练使用。用于紧急救灾的呼吸防护用品，要定期严格检验，并妥善存放在可能发生事故的地点附近，以方便取用。

（3）妥善维护保养劳动防护用品，不但能延长其使用期限，更重要的是能保证用品的防护效果。例如：耳塞、口罩、面罩等用后应用肥皂、清水洗净，并用药液消毒、晾干；过滤式呼吸防护器的滤料要定期更换，以防失效；防止皮肤污染的工作服用后应集中清洗。

（4）劳动防护用品应有专人管理，负责维护保养，以保证劳动防护用品充分发挥其作用。

（5）职工所使用的劳动防护用品必须是由国家批准的正规厂

家生产的符合国家标准的产品。

88. 建筑施工现场常用劳动防护用品的配置要求有哪些?

建筑施工企业必须根据作业人员的施工环境、作业需要,按照规定配发劳动防护用品,并监督其正确佩戴使用。

(1)施工现场的作业人员必须戴安全帽、穿工作鞋和工作服,特殊情况下不戴安全帽时,长发者从事机械作业必须戴工作帽。

(2)雨期施工应为作业人员提供雨衣、雨裤和雨鞋,冬季严寒地区应提供防寒工作服。

(3)处于无可靠安全防护设施的高处作业,必须系安全带。

(4)从事电钻、砂轮等手持电动工具作业,作业人员必须穿绝缘鞋、戴绝缘手套和防护眼镜。

(5)从事蛙式夯实机、振动冲击夯作业,操作人员必须穿具有电绝缘功能的保护足趾安全鞋、戴绝缘手套。

(6)从事可能飞溅渣屑的机械设备作业,操作人员必须戴防护眼镜。

(7)从事脚手架作业,操作人员必须穿灵便、紧口工作服,系带的高腰布面胶底防滑鞋,戴工作手套;高处作业时,必须系安全带。

(8)从事电气作业,操作人员必须穿电绝缘鞋和灵便、紧口工作服。

(9)从事焊接作业,操作人员必须穿阻燃防护服、电绝缘鞋、鞋盖，戴绝缘手套和焊接防护面罩、防护眼镜等劳动防护用品。

从事焊接作业的操作人员的劳动防护用品应当符合下列要求：

1）在高处作业时，必须戴安全帽与面罩连接式焊接防护面罩，系阻燃安全带。

2）清除焊渣作业时，应戴防护眼镜。

3）在封闭的室内或容器内从事焊接作业，必须戴焊接专用防尘防毒面罩。

（10）从事塔式起重机及垂直运输机械作业，操作人员必须穿系带的高腰布面胶底防滑鞋，穿紧口工作服，戴手套；信号指挥人员应穿专用标志服装，强光环境下作业，应戴有色防护眼镜。

89. 建筑施工企业个人劳动防护用品管理原则是什么？

劳动防护用品的发放和管理，坚持"谁用工，谁负责"的原则。施工作业人员所在企业（包括总承包企业、专业承包企业、劳务企业等，下同）必须按国家规定免费发放劳动防护用品，更换已损坏或已到使用期限的劳动防护用品，不得收取或变相收取任何费用。劳动防护用品必须以实物形式发放，不得以货币或其他物品替代。

购置安全帽、安全带等劳动防护用品，施工单位应当查验其生产许可证和产品合格证。经查验，不符合国家或行业安全技术标准的产品，不得购置。

建筑施工企业应建立包括购置、验收、登记、发放、保管、使用、更换和报废等内容的劳动防护用品管理制度，劳动防护用品必须由专人管理，定期进行检查，并按照国家有关规定及时报废、更新。

90. 如何正确佩戴安全帽？

（1）首先检查安全帽的外壳是否破损（如有破损，其分解和削弱外来冲击力的性能就已减弱或丧失，不可再用），有无合格帽衬（帽衬的作用是吸收和缓解冲击力，若无帽衬，则丧失了保护头部的功能），帽带是否完好。

（2）调整好帽衬顶端与帽壳内顶的间距（4~5 厘米），调整好帽箍。

（3）安全帽必须戴正。如果戴歪了，一旦受到打击，就起不到保护外来物对头部冲击的作用。

（4）必须系紧下颌带，戴好安全帽。如果不系紧下颌带，一旦发生构件坠落打击事故，安全帽就容易掉下来，导致严重后果。

（5）现场作业中，切记不得将安全帽脱下搁置一旁，或当坐垫使用。

91. 如何正确使用安全带?

（1）应当检查安全带是否经市场监督管理部门检验合格，在使用前应检查各部分构件是否完好无损。

（2）安全带上的任何部件都不得私自拆换。

安全带上的任何部件都不能私自拆换，在使用前应仔细检查各部分构件是否完好无损。

（3）在使用过程中，安全带应高挂低用，并防止摆动、碰撞，避开尖刺，不得接触明火，不能将钩直接挂在安全绳上，应挂在连接环上。

（4）严禁使用打结和续接的安全绳，以防坠落时腰部受到较大冲力。

（5）作业时应将安全带的钩、环挂在系留点上，各卡接扣紧，以防脱落。

（6）在温度较低的环境中使用安全带时，要注意防止安全绳的硬化断裂。

（7）使用后，将安全带、绳卷成盘放在无化学试剂的避光处，切不可折叠。在金属配件上涂些机油，以防生锈。

92. 如何正确选用防护手套？

（1）防护手套的品种很多，首先应明确防护对象，根据防护功能来选用，切记不要误用。

（2）耐酸、耐碱手套使用前应仔细检查表面是否有破损。可采取的简易方法是向手套内吹口气，用手捏紧套口，观察是否漏气，漏气则不能使用。

（3）绝缘手套要根据电压等级选用，使用前应检查表面有无裂痕、发黏、发脆等缺陷，如有异常则禁止使用。

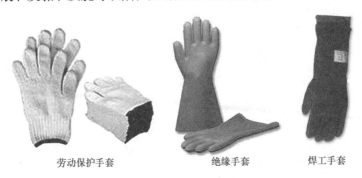

劳动保护手套　　　　　　　绝缘手套　　　焊工手套

（4）焊工手套应有足够的长度，使用前应检查皮革或帆布表面有无僵硬、磨损、洞眼等残缺现象。

（5）橡胶、塑料等材料制作的防护手套用后应冲洗干净、晾干，并撒上滑石粉以防粘连，保存时要避免高温。

93. 防尘口罩的使用有哪些注意事项？

（1）仔细阅读使用说明，了解适用性和防护功能，使用前应检查是否完好。

（2）进入危害环境前，应正确佩戴好防尘口罩，进入危害环境后应始终坚持佩戴。

（3）部件出现破损、断裂或丢失，以及明显感觉呼吸阻力增加时，应废弃整个口罩。

（4）发现口罩有失效迹象时，按照使用说明及时更换。

（5）防止挤压变形、污染进水。

（6）使用后要仔细保养，防尘过滤布不得水洗。

94. 建筑施工现场需要佩戴防尘口罩的作业有哪些？

建筑施工作业现场内，一般在以下情况下应使用防尘口罩：

（1）钢筋除锈作业。

（2）淋灰、筛灰作业。

（3）搅拌混凝土作业。

（4）石材加工作业。

（5）木材加工机械作业。

（6）封闭室内或容器内的焊接作业。

95. 安全防护鞋如何正确使用？

安全防护鞋鞋底一般采用聚氨酯材料一次注模成型，具有耐油、耐磨、耐酸碱、绝缘、防水、轻便等优点。安全防护鞋的选用应根据工作环境的危害性质和危害程度进行。安全防护鞋应有产品合格证和产品说明书，使用前应对照使用的条件阅读说明书，使用方法要正确。建筑施工现场上常用的有绝缘鞋（靴）、防刺穿鞋、焊接防护鞋、耐酸碱橡胶靴及皮安全鞋等。

防刺穿鞋是在鞋底上方置入钢片，防止锐器和利刃刺穿鞋底对作业人员脚底部造成伤害。

安全防护鞋的选择和使用应符合下列要求：

（1）安全防护鞋除了须根据作业条件选择适合的类型外，还要挑选合适的鞋号。

（2）各种不同性能的安全防护鞋，要达到各自防护性能的技术指标，如脚趾不被砸伤，脚底不被刺伤，电绝缘等要求。

（3）使用安全防护鞋前要认真检查或测试，在电气和酸碱作业中，穿破损和有裂纹的安全防护鞋都是有危险的。

（4）安全防护鞋使用后应检查并保持清洁，存放于无污染、干燥的地方。

第8章
作业人员安全生产职责

96. 木工主要安全生产职责有哪些？

（1）木工间内备有的消防器材应经常检查，严禁在工作场所吸烟和明火作业，不得存放易燃物品。

（2）工作场所的木料应分类堆放整齐，必须保持道路畅通。

（3）使用木工机械必须严格遵守机械操作规程。

（4）高空作业时材料堆放应稳妥可靠，使用的工具应随时装入袋内，严禁向下抛掷工具或物件等。

（5）木料加工处的废料、木屑等应即时清理，做到落手清。

（6）使用木工机械禁止戴手套，操作时必须集中注意力、认真操作，千万不可麻痹大意。

97. 泥工主要安全生产职责有哪些？

（1）认真学习本工种的操作规程，提高安全意识，听从安全管理人员的指挥，做到不违章作业。

（2）正确使用劳动防护用品及安全设施，爱护安全标志，服从分配，坚守岗位。

（3）经常检查工作岗位环境及脚手架、脚手板、工具使用情况，做到文明施工、落手清。

（4）发扬团结友爱精神，维护一切安全设施，不准擅自拆移安全防护设施。

（5）发生事故应向班组长报告，参加事故处理"四不放过"

讨论，积极提出改进意见，预防事故发生，改善安全防护条件。

（6）砌筑和粉刷施工作业时要注意安全，下雪天要清除余雪，雨天不准在无防滑措施的情况下进行作业；脚手架所有系拉铁丝不得任意剪除，以防止脚手架倒塌。

98. 钢筋工主要安全生产职责有哪些？

（1）进入施工现场，必须戴好安全帽、扣好帽带，并正确使用其他必要的劳动防护用品。

（2）操作人员必须经过专业培训，学徒必须由师傅带领。

（3）熟悉图纸和施工安全技术规范，每周接受安全周讲评。

（4）发现作业场所有不安全因素时应停止作业，并向有关责任人汇报，排除隐患后方可施工。

（5）禁止和拒绝违章作业。

（6）高处作业不得乱抛物件。

（7）钢筋搬运、加工、绑扎过程中，发生钢筋脆断和其他异常情况时，应立刻停止作业向有关部门汇报。

（8）按设计图纸及现行施工规范加工、绑扎钢筋，不得偷工减料，不得弄虚作假。

99. 架子工主要安全生产职责有哪些？

（1）架子工必须熟悉脚手架安全操作规程，严格按规程的要求搭设，在搭设中要正确佩戴和使用劳动防护用品。

（2）作业人员必须持证上岗，并自觉遵守现场安全生产纪律。

（3）认真选材，严格按脚手架安全技术规程要求搭设。

（4）脚手架的维修保养每三个月进行一次，遇大风大雨天气应事先认真检查，必要时要采取加固措施。

（5）脚手架搭设完毕，架子工应通知安全管理部门会同有关人员共同验收，合格挂牌后方可使用。

架子工必须熟悉脚手架安全操作规程，严格按规程的要求搭设，在搭设中要正确佩戴和使用劳动防护用品。

（6）工程完工拆除脚手架前，应先检查，如遇薄弱环节，应先加固后拆除。

（7）拆除架子必须设置警戒范围，输送地面的杆件应及时分类堆放整齐。

100. 仓库管理人员主要安全生产职责有哪些？

（1）凡进库货物须进行验收，核实后做好造册登记。

（2）认真负责搞好仓库内部材料、设备及小工具的发放工作，并应做好登记、签字手续。

（3）工程需要的材料，在遇到库存不足时，应提早申领，以便不影响正常施工。

（4）仓库内应保持整洁，货物堆放整齐，货架上面堆放的物品应执行挂牌管理手续，以便迅速无误地发放。

（5）非仓库管理人员不得入内，严禁烟火。

（6）不得私自离岗，有事外出，应委托他人临时看守。

（7）做好外场砂石料的收、管工作，签好每一张单据，严格把好砂石料的计量及质量关。

（8）必须做好仓库清洁工作。

（9）负责检查仓库配备的消防器材完好和有效情况。

（10）在规定的禁火区域内严格执行动火审批手续。

101. 起重机司机主要安全生产职责有哪些？

（1）起重机司机应经过一定时间的训练，了解所驾驶的起重机的结构、性能，经考核合格取得特种设备作业人员证后，才能独立持证上岗操作。

（2）必须严格执行各项规章制度。

（3）严守工作岗位，不得无故擅自离开起重机。

（4）密切注意起重机的运行情况，如发现设备、机件有异常现象或故障，应设法及时排除后继续使用，严禁带病运行。

（5）起重机进行机修或大修时，司机除了完成本职工作外，还应配合修理工一起工作，并参加验收工作。

（6）做好起重机清洁保养工作。

（7）建筑施工起重吊装"十不吊"：

1）起重臂和吊起的重物下面有人停留或行走不准吊。

2）起重指挥应由技术培训合格的专职人员担任，无指挥或信号不清不准吊。

3）钢筋、型钢、管材等细长和多根物件必须捆扎牢靠，多点起吊。单头"千斤"或捆扎不牢靠不准吊。

4）多孔板、积灰斗、手推翻斗车不用四点吊或大模板外挂板不用卸甲不准吊，预制钢筋混凝土楼板不准双拼吊。

5）吊砌块必须使用安全可靠的砌块夹具，吊砖必须使用砖笼，并堆放整齐。木砖、预埋件等零星物件要用盛器堆放稳妥，叠放不齐不准吊。

6）楼板、大梁等吊物上站人不准吊。

7）埋入地面的板桩、井点管等以及连接、附着的物件不准吊。

8）多机作业，应保证所吊重物距离不小于 3 米，在同一轨道上多机作业，无安全措施不准吊。

9）六级以上强风区不准吊。

10）斜拉重物或超过机械允许荷载不准吊。

102. 焊工主要安全生产职责有哪些?

（1）积极参加各种安全生产活动，接受各种安全教育，遵章守纪，不违反劳动纪律，坚守工作岗位，不串岗、不脱岗、不酒后作业，集中精力工作。

（2）认真学习电气焊安全技术操作规程，熟知安全知识，不冒险蛮干，有权拒绝违章指挥。

（3）坚持上班自检制度。对所用的电气焊机、线路及施工环境进行全面检查，排除不安全因素，不符合安全生产条件不得作业，加强自我保护。

（4）严格执行安全技术方案和安全技术交底，不得任意变更、拆除安全防护设施，不得擅自动用其他电气和其他工种的设备和工具。

（5）上岗前要正确佩戴好的劳动防护用品和用具，做到安全作业。

（6）对各级提出的安全隐患要及时整改。

（7）使用电焊机时，必须按上级规定装配指定漏电保护器。

（8）电焊机应有专用接线开关，不得直接接在电源线上或一个开关上接两台电焊机；开关装在避水避火的控制箱内，箱体要防雨遮蔽，开关的熔断丝容量应为该机额定电流的 1.5 倍。

（9）严禁以其他金属代替熔断丝，机边不得摆放物品。

（10）电焊机装接和检修应由专业电工进行，且必须在切断电源后进行。久未使用的电焊机使用前要做检查，确认电压和机器部件正常。

103. 工地安全员主要安全生产职责有哪些?

（1）积极带头遵守上级部门下达的各项安全规则和制度，并能主动协助项目负责人管好本工地安全工作。

（2）现场配电箱、动力电线等各类传动机具防护罩壳、钢丝绳、各种压力仪表，要经常检查是否有缺损、失效现象。

（3）经常观察脚手架、井架、塔架稳固及施工现场"四口""五临边"防护有效情况，发现不安全状态应立即提出，并协助做好加固工作，消除隐患。

（4）对施工现场要经常巡回检查，发现违章作业现象时，督促其立即纠正，并有权给予处罚。

（5）发现有酒后上岗者，有权责令其离开作业区域，并及时向负责人汇报。

（6）负责对现场各种宣传标牌、消防器材整理、保管工作，发现残缺，立即补正。

（7）认真做好各种安全检查、会议、活动记录，配合本单位安全管理部门工作，督促各班组的"三上岗"（即上岗交底、上岗检查、上岗记录）制度正常进行。

104. 班组长主要安全生产职责有哪些?

（1）服从队长（上一级生产单位领导）正确领导，遵守有关安全生产制度，根据本组人员技术情况合理安排工作，做好上岗安全交底，对本组人员在生产中的安全负责。

（2）搞好文明施工，做到"生产再忙，安全不忘"，支持安全管理部门工作；对新工人进行现场安全教育，认真执行"三上岗"制度，指定专人指导新工人安全操作技术。

（3）组织本组人员学习安全规程和制度，检查安全措施执行情况，在任何情况下都不准违章、蛮干。

（4）听从专职安全员的指导，接受改进意见，教育全组人员严格遵守安全规程和制度。

（5）发动全组人员，为促进安全生产和改善劳动条件提出合理化建议，并向队长汇报。

（6）发生事故及时上报，负责现场保护工作。之后要组织全组人员认真分析，吸取教训。

（7）支持本组安全员工作，及时采纳他的正确意见，发动全组共同搞好安全生产。

第 *9* 章
事故伤害与应急处置

105. 建筑施工的特点与常见事故伤害有哪些？

（1）建筑施工的特点

建筑施工（包括市政施工）属于事故发生率较高的行业，每年的事故死亡人数仅次于煤炭与交通行业。目前农民工已经成为建筑施工的主力军，因此也是各类意外伤害事故的主要受害群体。根据事故统计，在建筑施工伤亡人员中农民工约占总数的60%，并且呈现不断上升的趋势。建筑业之所以成为高危行业，主要与建筑施工特点有关。

（2）建筑施工中常见事故伤害

建筑施工中常见伤亡事故的类别是：物体打击、车辆伤害、机械伤害、起重伤害、触电、高处坠落、坍塌、中毒和窒息、火灾和爆炸以及其他伤害。根据历年来伤亡事故统计分类，建筑施工中最主要、最常见、死亡人数最多的事故是如前所述的"五大伤害"，即高处坠落、触电、物体打击、机械伤害、坍塌事故。

106. 建筑施工伤亡事故的主要原因有哪些?

（1）高处作业多

按照《高处作业分级》（GB/T 3608—2008）的规定划分，建筑施工中有90%以上是高处作业。

（2）露天作业多

一栋建筑物的露天作业约占整个工作量的70%，受到春、夏、秋、冬不同气候以及阳光、风、雨、冰雪、雷电等自然条件的影响和危害。

（3）手工劳动及繁重体力劳动多

建筑业大多数工种至今仍是手工操作，由于手工操作容易使人疲劳、注意力分散、误操作多，所以容易导致事故的发生。

（4）立体交叉作业多

建筑产品结构复杂、工期较紧，必须多单位、多工种互相配合、立体交叉施工。如果管理不好、衔接不当、防护不严，就有可能造成互相伤害。

（5）临时员工多

目前，在建筑施工工地第一线作业的工人中，农民工占50%~70%，有的工地甚至高达95%。

以上原因，决定了建筑工程的施工是一个危险性大、事故突发性强、容易发生工伤事故的生产过程。因此，必须加强对施工过程的安全管理，并严格按照安全技术措施的要求进行作业。

107. 建筑施工有哪些常见的高处坠落事故？

（1）临边、洞口处坠落

产生这类事故的原因主要有：无防护设施或防护不规范，如防护栏杆的高度低于1.2米，横杆仅有一道等；在无外脚手架及尚未砌筑围护墙的楼面的边缘，防护栏杆柱无预埋件固定或固定不牢固；洞口防护不牢靠，洞口虽有盖板，但无防止盖板位移的措施等。

（2）脚手架上坠落

产生这类事故的原因主要有：脚手架架体搭设不规范，如相邻的立杆（或大横杆）的接头在同一平面上，剪刀撑、连墙点任意设置等；架体外侧无防护网、架体内侧与建筑物之间的空隙无防护或防护不严；脚手板未满铺或铺设不严、不稳等。

（3）悬空高处作业时坠落

产生这类事故的原因主要有：在安装或拆除脚手架、井架（龙门架）、塔吊和在吊装屋架、梁板等高处作业时的作业人员没有系安全带，也无其他防护设施或作业时用力过猛，身体失稳等。

（4）在轻型屋顶棚上铺设管道、电线或检修作业中坠落

产生这类事故的原因主要有：作业时没有使用轻便脚手架；在行走时误踩轻型屋面板、顶棚面等。

（5）拆除作业时坠落

产生这类事故的原因主要有：作业时站在已不稳固的部位或作业时用力过猛，身体失稳；脚踩活动构件或绊跌等。

（6）登高过程中坠落

产生这类事故的原因主要有：无登高梯道，随意攀爬脚手架、井架登高；登高斜道面板、梯档破损或被踩断；登高斜道无防滑措施等。

（7）在梯子上作业坠落

产生这类事故的原因主要有：梯子未放稳，人字梯两片未系好安全绳带；梯子在光滑的楼面上放置时，其梯脚无防滑措施；作业人员站在人字梯上移动位置等。

108. 发生高处坠落事故后应如何进行应急处置？

高处坠落事故在建筑施工中属于常见事故。人从高处坠落所

受到高速坠地的冲击力，会使人体组织和器官遭到一定程度的冲击并引起损伤，通常为多个系统或多个器官的损伤，严重者当场死亡。高空坠落伤除有器官直接或间接受伤表现外，还有昏迷、呼吸窘迫、面色苍白和表情淡漠等症状，可导致胸、腹腔内脏组织器官发生广泛性损伤。高处坠落时如果是臀部先着地，外力沿脊柱传导到颅脑而致伤；如果由高处仰面跌下时，背或腰部受冲击，可引起腰椎前纵韧带撕裂，椎体裂开或椎弓根骨折，易引起脊髓损伤。脑干损伤时常有较重的意识障碍、光反射消失等症状，也可出现严重并发症。当发生高处坠落事故后，抢救的重点应放在对休克、骨折和出血的处理上。

（1）颌面部伤员

首先应保持伤员的呼吸道畅通，有假牙应摘除，清除移位的组织碎片、血凝块、口腔分泌物等，同时松解伤员的颈、胸部纽扣。若舌已后坠或口腔内异物无法清除时，可用 12 号粗针头穿刺环甲膜以维持呼吸，尽可能早做气管切开。

（2）脊椎受伤者

创伤处用消毒的纱布或清洁布等覆盖伤口，用绷带或布条包扎。搬运时，将伤者平卧放在帆布担架或硬板上，以免受伤的脊椎移位、断裂造成截瘫，甚至导致死亡。抢救脊椎受伤者，搬运过程严禁只抬伤者的两肩与两腿或单肩背运。

（3）手足骨折者

不要盲目搬动伤者。应用夹板将其骨折位置临时固定，使断端不再移位或刺伤肌肉、神经或血管。固定方法：以固定骨折处上下关节为原则，可就地取材，如木板、竹片等。

（4）复合伤者

使伤员平仰卧位，解开衣领扣，保持呼吸道畅通。周围血管伤，压迫伤部以上动脉至骨骼，应直接在伤口上放置厚敷料，用绷带加压包扎以不出血和不影响肢体血循环为宜。

此外，需要注意的是，在搬运和转送过程中，伤员的颈部和躯干不能前屈或扭转，而应使其脊柱伸直。绝对禁止一个抬肩、另一个抬腿的搬法，以免发生或加重伤员截瘫。

109. 建筑施工中有哪些常见的触电意外伤害？

（1）外电线路触电事故

主要是指施工中碰触施工现场周边的架空线路而发生的触电事故。主要包括：

1）脚手架的外侧边缘与外电架空线之间没有达到规定的最小安全距离，也没有按规范要求增设屏障、遮栏、围栏或保护网，在外电线路难以停电的情况下，进行违章冒险施工。特别是在搭、拆钢管脚手架，或在高处绑扎钢筋、支搭模板等作业时发生此类事故较多。

2）起重机械在架空高压线下方作业时，吊塔大臂的最远端与架空高压电线间的距离小于规定的安全距离，作业时触碰裸线或集聚静电荷而造成触电事故。

（2）施工机械漏电造成事故

1）建筑施工机械要在多个施工现场使用，不停地移动，环境条件较差（泥浆、锯屑污染等），带水作业多，如果保养不好，机械往往易漏电。

2）施工现场的临时用电工程没有按照规范要求做到"三级配电，两级保护"，有的工地虽然安装了漏电保护器，但选用保护器规格不当，违章使用大规格的漏电保护器，关键时刻起不到保护作用。有的工地没有采用 TN—S 系统，也有的工地迫于规范要求，但不熟悉技术，拉了五根线就算"三相五线"，工作零线（N）与保护零线（PE）混用，施工机具任意拉接，用电保护缺位。

（3）手持电动工具漏电

主要是不按照《施工现场临时用电安全技术规范》（JGJ 46—2005）要求进行有效的漏电保护，使用者（特别是在带水作业中）没有戴绝缘手套、穿绝缘鞋。

（4）电线电缆的绝缘皮老化、破损及接线混乱造成漏电

有些施工现场的电线、电缆"随地拖、一把抓、到处挂"，乱拉、乱接线路，接线头不用绝缘胶布包扎；露天作业电气开关放在木板上而不是电箱内，特别是移动电箱无门，任意随地放置；电箱的进、出线走向随意，接线处"带电体裸露"，不用接线端子板，"一闸多机"，多根导线接头任意绞、挂在漏电开关或熔丝上；移动机具在插座接线时不用插头，使用小木条将电线头插入插座等。

（5）照明及违章用电

使用移动照明，特别是在潮湿环境中作业不使用安全电压，使用灯泡烘衣、袜等违章用电时造成的事故。

110. 发生触电事故后应如何进行应急处置？

触电急救的基本原则是动作迅速、方法正确。有资料指出，触电伤员从触电后 1 分钟开始救治，90% 有良好效果；从触电后 6 分钟开始救治，10% 有良好效果；而从触电后 12 分钟开始救治，救活的可能性很小。

（1）脱离电源

发现有人触电后，应立即关闭开关、切断电源。同时，用木棒、皮带、橡胶制品等绝缘物品挑开触电者身上的带电物体，并立即拨打报警求助电话。防止触电者脱离电源后可能的摔伤，特别是当触电者在高处的情况下，应考虑采取防摔措施。

（2）急救准备

解开妨碍触电者呼吸的紧身衣服，检查触电者的口腔，清理

口腔黏液，如有假牙应取下。

（3）立即就地抢救

当触电者脱离电源后，应根据触电者的具体情况，迅速对症救护。现场应用的主要救护方法是人工呼吸法和胸外心脏按压法。应当注意，急救要尽快进行，不能完全依靠医生的到来。在送往医院的途中，也不能中止急救。

（4）如有电烧伤的伤口，应包扎后到医院就诊。

111. 建筑施工中有哪些常见的物体打击意外伤害？

（1）高处落物伤害

在高处堆放材料超高、堆放不稳，造成散落；作业人员在作业时将断砖、废料等随手往地面抛掷；拆脚手架、井架时，拆下的构件、扣件不通过垂直运输设备运至地面，而是随拆随扔；在立体交叉作业时，上、下层间没有设置安全隔离层；起重吊装时材料散落（如吊运砖时未用砖笼，吊运钢筋、钢管时，吊点不正确、捆绑松动等），造成落物伤害事故。

（2）飞蹦物击伤害

爆破作业时安全覆盖、防护等措施落实不到位；工地调直钢筋时没有可靠防护措施，如使用卷扬机拉直钢筋时，夹具脱落或钢筋拉断，钢筋反弹击伤人；使用有柄工具时没有认真检查，作业时手柄断裂，工具头飞出击伤人等。

（3）滚物伤害

主要原因是在基坑边堆物不符合要求，如砖、石、钢管等滚落到基坑、桩洞内造成其中的作业人员受到伤害。

（4）物料散落、倒塌造成伤害

物料堆放不符合安全要求，取料者图方便不注意安全，如自卸汽车运砖时，不码砖堆，取砖工人随手抽取，往往使上面的砖落下造成伤害；长杆件材料竖直堆放，受震动倒下砸伤人；抬放物品时抬杆断裂等造成物体打击、砸伤事故。

112. 发生物体打击事故后应如何进行应急处置？

建筑施工中，为了做好物体打击事故发生后的应急处置，应在事前制定应急预案，建立健全应急预案组织机构，做好人员分工。在事故发生的时候，应做好应急抢救，如现场包扎、止血等措施，防止伤者流血过多死亡。还需要注意的是，日常应备有应急物资，如简易担架、跌打损伤药品、纱布等。

发生物体打击事故后，在应急处置中要注意：

（1）一旦有事故发生，首先要高声呼喊，通知现场其他人员，马上拨打急救电话，并向上级领导及有关部门汇报。

（2）当发生物体打击事故后，尽可能不要移动伤者，尽量当场施救。抢救的重点应放在处理颅脑损伤、胸部骨折和出血上。

（3）发生物体打击事故后，应马上组织抢救伤者，首先观察伤者的受伤情况、部位、伤害性质，如伤员发生休克，应先处理休克；遇呼吸、心跳停止者，应立即进行人工呼吸、胸外心脏按压；处于休克状态的伤员要使其保暖、平卧、少动，将下肢抬高约20度，并尽快送医院进行抢救治疗。

（4）如果出现颅脑损伤，必须维持呼吸道通畅，昏迷者应平卧，面部转向一侧，以防舌根下坠或分泌物、呕吐物吸入，发生呼吸道被阻塞。有骨折者，应初步固定后再搬运。遇有头骨凹陷骨折、严重的颅底骨折及严重的脑损伤，应用消毒的纱布或清洁布等覆盖伤口，并用绷带或布条包扎后，及时就近送有条件的医院治疗。

（5）重伤人员应马上送往医院救治，伤员在等待救护车的过程中，门卫要在大门口迎接救护车，按预定程序处理事故，最大限度地减少人员和财产损失。

（6）如果处在不宜实施抢救的场所时，必须将患者搬运到安全的地方。搬运伤员时应尽量多找一些人来协助，并同时观察伤者呼吸和脸色的变化。如果是脊柱骨折，不要弯曲、扭动伤者的颈部和身体，也不要接触伤者的伤口，要使伤者身体放松，尽量将伤者放到担架或平板上进行搬运。

113. 施工机械意外伤害的主要原因有哪些？

施工机械意外伤害是指机械设备与工具引起的绞、辗、碰、割、戳、切等对人体造成的伤害，主要形式有工件或刀具飞出伤人、切屑伤人、手或身体其他部位卷入、手或其他部位被刀具碰伤、被设备的转动机构缠住造成伤害等。在建筑施工中最为常见的施工机械伤害是搅拌机伤害以及刨木机伤害，搅拌机伤害往往可以致死，刨木机伤害通常会造成人员的轻伤或重伤。根据统计，机械伤害事故的原因中，人的不安全行为导致的事故占机械伤害事故总数的 55% 以上，机械的不安全状态导致的事故约占伤害总数的 45%。

造成施工机械意外伤害的主要原因有：

（1）违章指挥

施工指挥者指派了未经安全知识和技能培训合格的人员从事机械操作；为赶进度不执行机械保养制度和定机定人责任制度，指挥"歇人不停机"；使用报废机械等。

（2）违章作业

操作人员为图方便，有章不循、违章作业。例如，混凝土搅拌机加料时，不挂保险链；擅自拆除砂浆机加料防护栏；木工平刨机无护指安全装置；起重机械拆除力矩限制器后使用；机械运转中进行擦洗、修理；非机械工擅自启动机械操作等。

（3）不使用和不正确使用个人劳动防护用品

如戴手套进行车床等旋转机械作业，钢筋焊接作业时穿化纤服装、未戴防护眼镜等。

（4）没有安全防护和保险装置或装置不符合要求

如机械外露的转（传）动部位（如齿轮、传送带等）没有安全防护罩；圆盘锯无防护罩、无分料器、无防护挡板；塔吊的限位、保险不齐全或虽有却失效等。

（5）机械不安全状态

如机械带病作业，机械超负荷使用，使用不合格机械或报废机械等。

114. 发生施工机械意外伤害后应如何进行应急处置？

发生施工机械意外伤害事故后，急救步骤为：首先要分离产生伤害的物体，使伤员呼吸道畅通，止住出血和防止休克；其次是处理骨折；最后再处理一般伤口。

如果伤员一次出血量达全身血量的 1/3 以上时，生命就有危险，因此及时止血是非常重要的。可用现场物品如毛巾、纱布、工作服等立即采取止血措施，如果创伤部位有异物且不在重要器官附近，可以拔出异物，处理好伤口。如无把握就不要随便将异物拔掉，应由医生来检查、处理，以免伤及内脏及较大血管，造成大出血。

115. 施工坍塌意外伤害的主要原因有哪些？

坍塌是指建筑物、构筑物、堆置物倒塌以及土石塌方引起的事故。在建筑业中经常会遇到坍塌伤害，例如接层工程坍塌、纠偏工程坍塌、交付使用工程坍塌、在建整体工程坍塌、改建工程坍塌、在建工程局部坍塌、脚手架坍塌、平台坍塌、墙体坍塌、土石方作业坍塌以及拆除工程坍塌等。

由于坍塌的过程发生于一瞬间，来势凶猛，现场人员往往难以及时撤离。无法及时撤离的人员，会受到坍塌体带来的物体打击、挤压、掩埋、窒息等严重伤害。如果现场有危险物品存在，还可能引发着火、爆炸、中毒、环境污染等灾害。抢救过程中，如缺乏应有的防护措施，还易出现再次、多次坍塌，增加人员伤亡，甚至发生群死群伤。近年来，随着高层、超高层建筑物的增多，基坑的深度越来越深，坍塌事故也呈现出上升趋势。

造成坍塌伤害事故的主要原因有：

（1）基坑、基槽开挖及人工扩孔桩施工过程中的土方坍塌

坑槽开挖没有按规定放坡，基坑支护没有经过设计或施工时没有按设计要求支护；支护材料质量差导致支护变形、断裂；边坡顶部荷载大（如在基坑边沿堆土、砖石等，土方机械在边沿处停靠等）；排水措施不通畅，造成坡面受水浸泡产生滑动而塌方；冬春之交破土时，没有针对土体胀缩因素采取护坡措施。

（2）楼板、梁等结构和雨篷等坍塌

工程结构施工时，在楼板上面堆放物料过多，使荷载超过楼板的设计承载力而断裂；刚浇筑不久的钢筋混凝土楼板未达到应

有的强度，为赶进度即在该楼板上面支搭模板浇筑上层钢筋混凝土楼板造成坍塌；过早拆除钢筋混凝土楼板、梁构件和雨篷等的模板或支撑，混凝土因强度不够而发生坍塌。

先不要往上层搬东西，因为楼板刚浇筑不久，钢筋混凝土未达到应有的强度，容易发生坍塌。

（3）房屋拆除坍塌

随着城市建设的迅速发展，拆除工程增多，然而，由于专业队伍力量薄弱，管理尚不到位，拆除作业人员素质低，拆除工程不编制施工方案和技术措施，盲目蛮干，野蛮施工，墙体、楼板等坍塌事故时常发生。

（4）模板坍塌

模板坍塌是指用扣件式钢管脚手架、各种木杆件或竹材搭设的高层建筑楼板的模板，因支撑杆件刚性不够、强度低，在浇筑混凝土时失稳造成模板上的钢筋和混凝土塌落事故。模板支撑失稳的主要原因是没有进行设计计算，不编制施工方案，施工前也未进行安全交底。特别是混凝土输送管路，往往附着在模板上，输送混凝土时产生的冲击和振动更加速了支撑的失稳。

（5）脚手架倒塌

脚手架倒塌主要是因为没有认真按规定编制施工方案，没有执行安全技术措施和验收制度。架子工属特种作业人员，必须持证上岗。但目前，架子工普遍文化水平低，安全技术素质不高，专业性施工队伍少；竹脚手架所用的竹材有效直径普遍达不到要求，搭设不规范，特别是相邻杆件接头、剪刀撑、连墙点的设置不符合安全要求，易造成脚手架失稳坍塌。

（6）塔吊倾翻、井字架（龙门架）倒塌

塔吊倾翻主要是因为塔吊起重钢丝或平衡臂钢丝绳断裂致使塔吊倾翻，或因轨道沉陷及下班时夹轨钳未夹紧轨道，夜间突起大风造成塔吊出轨倾翻。塔吊倾翻的另一个原因是，在安装拆除时，没有制定施工方案，不向作业人员交底。井字架（龙门架）倒塌主要原因是，基础不稳固，稳定架体的缆风绳，或搭、拆架体时的临时缆风绳不使用钢丝绳，而使用尼龙绳；附墙架使用竹、木杆并采用铅丝等绑扎，井架与脚手架连在一起等。

116. 发生施工坍塌事故后应如何进行应急处置？

建筑施工中发生坍塌事故后，人们一时难以从倒塌的惊吓中恢复过来，被埋压的人众多、现场混乱失去控制、存在火灾和二次坍塌的危险，均会给现场的抢险救援工作带来极大的困难。同时，由于事故的发生，可能造成建筑内部燃气、供电等设施毁坏，导致火灾的发生，尤其是化工装置等构筑物倒塌事故，极易形成连锁反应，引发有毒气（液）体泄漏和爆炸燃烧事故。建筑物整体坍塌的现场，废墟堆内建筑构件纵横交错，将遇险人员深深地埋压在废墟里面，给人员救助和现场清理带来极大的困难；建筑物局部坍塌的现场，虽然遇险人员数量较少，但楼内通道的破损和建筑结构的松垮，也会给救援工作的顺利进行带来一定的困难。

建筑施工发生坍塌事故之后，在应急处置上需要注意以下几个方面的事项。

（1）摸清情况，及时报告

应及时了解和掌握现场的整体情况，并向上级领导报告。同时，根据现场实际情况，拟定坍塌救援实施方案，在现场实行统一指挥和管理。

（2）设立警戒，疏散人员

坍塌发生后，应及时划定警戒区域，设置警戒线，封锁事故路段的交通，隔离围观群众，严禁无关车辆及人员进入事故现场。

（3）迅速开展侦查

派遣搜救小组进行搜救，对如下几个重要问题进行询问和侦察：

1）坍塌部位和范围，可能涉及的受害人数。

2）受害人或现场失踪人员可能处在的位置。

3）受害人存活的可能性。

4）展开现场施救需要的人力和物力方面的帮助。

5）坍塌现场的火情。

6）现场二次坍塌的危险性。

7）现场可能存在的爆炸危险。

8）现场施救过程中其他潜在的危险。

（4）切断气、电和自来水水源，并控制火灾或爆炸

建筑物坍塌现场到处可能缠绕着拉断的带电电线电缆，随时威胁着被埋压人员和施救人员的安全；断裂的燃气管道泄漏的气体既会形成爆炸性气体混合物，又会增强现场火灾的火势；从断裂的供水管道流出的水能很快将地下室或现场低洼的坍塌空间淹没。因此，要及时联系当地的供电、供气、供水企业的检修人员立即赶赴现场，通过切断现场附近的局部总阀或开关等消除危险。

（5）现场清障，开辟进出通道

迅速清理进入现场的通道，在现场附近开辟救援人员和车辆集聚空地，确保现场拥有一个急救场所和一条供救援车辆进出的通道。

（6）搜寻坍塌废墟内部空隙存活者

完成对在坍塌废墟表面受害人的救援后，应立即实施对坍塌废墟内部受害人的搜寻，因为有火灾的坍塌现场，烟火同样会很快蔓延到各个生存空间。搜寻人员最好要携带一支水枪，以便及时驱烟和灭火。

（7）清除局部坍塌物，实施局部挖掘救人

现场废墟上的坍塌物清除可能触动那些承重的不稳定构件，引起现场的二次坍塌，使被压埋人再次受伤。因此清理局部坍塌

物之前，应制定初步的方案，行动要极其细致谨慎，要尽可能地选派有经验或受过专门训练的人员承担此项工作。

（8）坍塌废墟的全面清理

在确定坍塌现场再无被埋压的生存者后，才允许进行坍塌废墟的全面清理工作。

117. 施工坍塌事故抢救行动应注意哪些事项？

面对施工坍塌事故，在抢救行动中需要注意以下事项：

（1）调派救援力量及装备要一次性到位，及时要求应急、医疗救护等部门到场协助救援。成立现场救援指挥部，实施统一指挥，严密制定救助方案，相关部门各司其职，做好协同作战。

（2）当伴随有火灾发生时，救人、灭火应同时进行。

（3）应在现场快速开辟出一块空阔地和进出通道，确保现场拥有一个急救场所和一条供救援车辆进出的通道。

（4）救援人员要注意自身的行动安全，不应进入建筑结构已经明显松动的建筑内部；不得登上已受力不均匀的阳台、楼板、房屋等部位；不准冒险钻入非稳固支撑的建筑废墟下面。实施坍塌现场的监护，严防坍塌事故的再次发生。

为尽可能抢救遇险人员的生命，抢救行动应本着先易后难，先救人后救物，先伤员后尸体，先重伤员后轻伤员的原则进行。救援初期，不得直接使用大型铲车、吊车、推土机等施工机械车辆清除现场。对身处险境、精神几乎崩溃、情绪极度恐惧者，要鼓励、劝导和抚慰，增强其生存的信心。在切割被救者上面的构件时，要防止火花飞溅伤人，减轻因震动造成的伤痛。对于一时难以抢救出来的人员，视情况喂水、供氧、清洗、撑顶等，以减轻被救者的痛苦，改善险恶环境，提高其生存概率。

对于可能存在毒气泄漏的现场，救援人员必须佩戴空气呼吸器、穿防化服；使用切割装备破拆时，必须确认现场无易燃、易爆物品。

第10章
常见工伤现场急救

118. 发生烧伤如何急救？

（1）立即用自来水冲洗或浸泡烧伤部位 10~20 分钟，也可使用冷敷的方法。冲洗或浸泡后，尽快脱去或剪去着火的衣服或被热液浸渍的衣服。

（2）轻度烧伤，用清水冲洗后揾干，局部涂烫伤膏，无须包扎。面积较大的烧伤创面可用干净的纱布、被单、衣服覆盖。

（3）发生窒息，应尽快使伤员脱离危险环境，如果呼吸、心跳停止，立即进行心肺复苏。

（4）密切观察伤员有无进展性呼吸困难，并及时护送到医院进一步诊断治疗。

（5）尽量不挑破水疱。较大的水疱可用缝衣针经火烧烤几秒钟或用75%酒精消毒后刺破水疱，放出疱液，但切忌剪除表皮。寒冷季节应注意保暖。

（6）烧伤创面上切不可使用药水或药膏等涂抹，以免掩盖烧伤程度而耽误诊治。

（7）千万不要给口渴伤员大量喝白开水。

119. 怎样做口对口人工呼吸？

（1）将患者置于仰卧位，施救者站在患者右侧，将患者颈部伸直，右手向上托患者的下颌，使患者的头部后仰。这样，患者的气管能充分伸直，有利于进行人工呼吸。

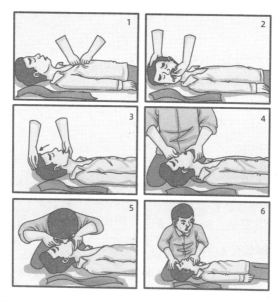

（2）清理患者口腔，包括痰液、呕吐物及异物等。

（3）条件允许的情况下，用身边现有的清洁布质材料，如手绢、小毛巾等盖在患者嘴上，防止传染病。

（4）右手捏住患者鼻孔（防止漏气），左手轻压患者下颌，把口腔打开。

（5）施救者自己先深吸一口气，用自己的口唇把患者的口唇包住，向患者嘴里吹气。吹气要均匀、持久（像平时长出一口气一样），但不要用力过猛。吹气的同时用眼角观察患者的胸部，如看到患者的胸部膨起，表明气体吹进了患者的肺脏，吹气的力度合适。如果看不到患者胸部膨起，说明吹气力度不够，应适当加强。吹气后待患者膨起的胸部自然回落后，再深吸一口气重复吹气，反复进行。

（6）对一岁以下婴儿进行抢救时，施救者要用自己的嘴把孩子的嘴和鼻子全部都包住进行人工呼吸。对婴幼儿和儿童施救时，吹气力度要减小。

（7）每分钟吹气 10~12 次。

（8）只要患者未恢复自主呼吸，就要持续进行人工呼吸，不要中断，直到救护车到达，再交给专业救护人员继续抢救。

（9）如果身边有面罩和呼吸气囊，可用面罩和呼吸气囊进行人工呼吸。

120. 胸外心脏按压法的基本要领是什么？

（1）使伤员仰卧在比较坚实的地面或地板上，解开衣服，清除口内异物，然后进行急救。

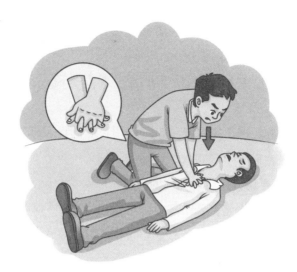

（2）救护人员蹲跪在伤员腰部一侧，或跨腰跪在其腰部，两手相叠。将掌根部放在被救护者胸骨下 1/3 的部位，即把中指尖放在其颈部凹陷的下边缘，手掌的根部就是正确的压点。

（3）救护人员肘部伸直，掌根略带冲击地用力垂直下压，压陷深度为 3~5 厘米。成人每分钟按压 100~120 次，太快和太慢效果都不好。

（4）按压后，掌根迅速全部放松，让伤员胸部自动复原，放松时掌根不必完全离开胸部。按以上步骤连续不断地进行操作。按压时定位必须准确，压力要适当，不可用力过大过猛，以免挤压出胃中的食物，堵塞气管，影响呼吸，或造成肋骨折断、气血胸和内脏损伤等。也不能用力过小，而起不到按压的作用。

（5）伤员一旦呼吸和心跳均已停止，应同时进行口对口人工呼吸和胸外心脏按压。如果现场仅有 1 人救护，两种方法应交替进行，每次吹气 2 次，再按压 30 次。

（6）人工呼吸和胸外心脏按压（人工氧合）急救，在救护人员体力允许的情况下，应连续进行，尽量不要停止，直到伤员恢复自主呼吸与心搏，或有专业急救人员到达现场。

121. 骨折固定应注意哪些事项？

（1）在处理开放性骨折时，局部要做清洁消毒处理，再用纱布将伤口包好。严禁把暴露在伤口外的骨折端送回伤口内，以免造成伤口污染和再度刺伤血管与神经。

（2）对于大腿、小腿、脊椎骨折的伤者，一般应就地固定，不要随便移动伤者，也不要盲目复位，以免加重损伤程度。如上肢受伤，可将伤肢固定于躯干；下肢受伤，可将伤肢固定于另一健肢。

（3）骨折固定所用的夹板长度与宽度要与骨折肢体相称，其长度一般以超过骨折上下两个关节为宜。

（4）固定用的夹板不应直接接触皮肤。在固定时可将纱布、三角巾、毛巾、衣物等软材料垫在夹板和肢体之间，特别是夹板两端、关节骨头突起部位和间隙部位，可适当加厚垫，以免引起皮肤磨损或局部组织压迫坏死。

（5）固定、捆绑的松紧度要适宜，过松达不到固定的目的，过紧则影响血液循环，导致肢体坏死。固定四肢时，要将指（趾）端露出，以便随时观察肢体血液循环情况。如出现指（趾）苍白、发冷、麻木、疼痛、肿胀、甲床青紫等症状时，说明固定、捆绑过紧，血液循环不畅，应立即松开，重新包扎固定。

（6）对四肢骨折固定时，应先捆绑骨折的上端，后捆绑骨折的下端。如果捆绑次序颠倒，则会导致再度错位。上肢固定时，肢体要屈着绑（屈肘状）；下肢固定时，肢体要伸直绑。

（7）要注意伤口和全身状况。如伤口出血，应先止血，再包扎固定；如出现休克或呼吸、心跳骤停时，应立即进行心肺复苏抢救。

122. 断肢或断指如何急救？

（1）让伤者躺下，用一块纱布或清洁的布块，放在断肢的伤口上，再用绷带或围巾包扎。

（2）立即派人找回断肢或断指。如果断肢或断指仍在机器中，需立即拆开机器取出，同伤员一起送往医院，以备断肢或断指再植手术。

（3）断肢或断指要用无菌或清洁的纱布包扎，置于塑料袋中密封，最好放入有冰的容器中，切勿直接浸泡在酒精等有机溶液中或直接放置于冰块中。

（4）尽快前往有条件的专科医院就诊，迅速组织进行再植手术，尽量争取在 6~8 小时内完成再植手术。

123. 如何正确搬运伤员？

（1）脊柱骨折伤员搬运

对于脊柱骨折的伤员，一定要用木板做的硬担架抬运。应由2~4 人搬运，使伤员成一线起落，步调一致。切忌一人抬胸，一人抬腿。将伤员放到担架上以后，要让他平卧，腰部垫一个靠垫，然后用3~4根皮带把伤员固定在木板上，以免在搬运中滚动或跌落，造成脊柱移位或扭转，刺激血管和神经，使下肢瘫痪。无担架、木板，需众人用手搬运时，必须有一人双手托住伤者腰部，切不可单独一人用拉、拽的方法搬运伤者，否则易把伤者的脊柱神经拉断，造成下肢永久性瘫痪。

（2）颅脑伤昏迷者搬运

搬运时要两人以上，重点保护头部。将伤员放到担架上，采取半卧位，头部侧向一边，以免呕吐物阻塞气道而窒息。如有暴露的脑组织，应加以保护。抬运前，头部给以软枕，膝部、肘部应用衣物垫好，头颈部两侧垫衣物以使颈部固定，防止左右摆动。

（3）颈椎骨折伤员搬运

搬运时，应由一人稳定头部，其他人以协调力量将其平直抬到担架上，头部左右两侧用衣物、软枕加以固定，防止左右摆动。

（4）腹部损伤者搬运

严重腹部损伤者，多有腹腔脏器从伤口脱出，可采用布带、绷带做一个略大的环圈盖住加以保护，然后固定。搬运时采取仰卧位，并使下肢屈曲，防止因腹压增加而使肠管继续脱出。

（5）轻伤伤员转运

如果伤员伤势不重，可采用扶、掮、背、抱的方法将伤员运走：

1）单人扶着行走。左手拉着伤员的手，右手扶住伤员的腰部，慢慢行走。此法适用于伤势不重、神志清醒的伤员。

2）肩膝手抱法。伤员不能行走，但上肢还有力量，可让伤员钩在搬运者颈上。此法禁用于脊柱骨折的伤员。

3）背驮法。先将伤员支起，然后背着走。

4）双人平抱着走。两个搬运者站在同侧，抱起伤员走。

124. 如何救助中暑人员？

在既有高温同时还伴有空气湿度大或者热辐射强而风速又小的环境中作业，再加上劳动强度过大、作业时间过长，此时作业人员极容易发生中暑。轻度中暑患者的初期症状为头晕、眼花、耳鸣、恶心、心慌、乏力；重度中暑患者会有体温急速升高，出现突然晕倒或痉挛等现象。

中暑患者的现场急救原则是：对于轻度中暑患者，应立即将其移至阴凉通风处休息，擦去汗液，给予适量的清凉含盐饮料，并可选服人丹、十滴水、避瘟丹等药物，一般患者可逐渐恢复；对于重度中暑患者，必须立即送往医院。

很多建筑工人中暑死亡的例子表明，工地的防暑措施不到位。这些工人在出现中暑症状后，没有及时到阴凉环境休息，而是去了工棚或户外，加重了病情。即便建筑工人的身体都很好，但在出现中暑症状后，是不能硬撑的。

建议建筑工地设置一个装有空调的休息室，专供中暑工人休息，一旦有建筑工人中暑后就及时送到空调房间，喝些冰水，症状严重的应立即送往医院，这样才能避免死亡事件的发生。

125. 常用的绷带包扎法有哪些？

（1）环形法

将绷带作环形重叠缠绕。第一圈环绕稍作斜状，第二、三圈作环形，并将第一圈之斜出一角压于环形圈内，最后用橡皮膏将带尾固定，也可将带尾剪开两头打结。此法是各种绷带包扎中最基本的方法，多用于手腕、肢体等部位。

（2）蛇形法

先将绷带按环形法缠绕数圈，再按绷带之宽度作间隔斜形上缠或下缠。

（3）螺旋形法

先按环形法缠绕数圈，上缠每圈盖住前圈之 1/3 或 2/3，呈螺旋形。

（4）螺旋反折法

先按环形法缠绕数圈，做螺旋形法之缠绕，等缠到渐粗处，将每圈绷带反折，盖住前圈的 1/3 或 2/3，依次由上而下地缠绕。

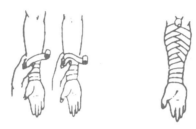

（5）8 字形法

在关节弯曲的上方、下方，将绷带由下而上缠绕，再由上而下成 8 字形来回缠绕。

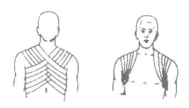

对较大创面、固定夹板、手臂悬吊等，需应用三角巾包扎法。

126. 常用的止血法有哪几种？

（1）一般止血法

针对小的创口出血。需用生理盐水冲洗消毒患部，然后覆盖多层消毒纱布用绷带扎紧包扎。

（2）填塞止血法

将消毒的纱布、棉垫、急救包填塞、压迫在创口内，外用绷带、三角巾包扎，松紧度以达到止血为宜。

（3）绞紧止血法

把三角巾折成带形，打一个活结，取一根小棒穿在带子外侧绞紧，将绞紧后的小棒插在活结小圈内固定。

（4）加垫屈肢止血法

加垫屈肢止血法是适用于四肢非骨折性创伤的动脉出血的临时止血措施。当前臂或小腿出血时，可于肘窝或腘窝内放纱布、棉花、毛巾作为垫子，屈曲关节，用绷带将肢体紧紧地缚于屈曲的位置。

（5）指压止血法

指压止血法是动脉出血时最迅速的一种临时止血法，是用手指或手掌将伤部上端的动脉用力压瘪于骨骼上，阻断血液通过，以便立即止血，但仅限于位于身体较表浅的部位、易于压迫的动脉。

指压止血法的具体方法是：

1）肱动脉压迫止血法适用于手、前臂和上臂下部的出血。止血方法是用拇指或其余四指找到上臂内侧动脉搏动处，将动脉压向肱骨，达到止血的目的。

2）股动脉压迫止血法适用于下肢出血。止血方法是在腹股沟（大腿根部）中点偏内，动脉跳动处，用两手拇指重叠压迫股动脉于股骨上，制止出血。

3）头部压迫止血法。头顶前部出血时，压迫耳前的颈浅动脉。面部出血时，压迫下颌骨角前下凹内的颌动脉。头面部较大的出血时，压迫颈部气管两侧的颈动脉，但不能同时压迫两侧。

4）手部压迫止血法。手掌出血时，压迫桡动脉和尺动脉。手指出血时，压迫出血手指的两侧指动脉。

5）足部压迫止血法适用于足部出血。止血方法是压迫胫前动脉和胫后动脉。

（6）止血带止血法

止血带止血法主要是用橡皮管或胶管止血带将血管压瘪而达到止血的目的。左手拿橡皮带、后头约16厘米要留下；右手拉紧环体扎，前头交左手，中食两指挟，顺着肢体往下拉，前头环中插，保证不松垮。如遇到四肢大出血，需要止血带止血，而现场又无橡胶止血带时，可在现场就地取材，如布止血带、线绳或麻绳等。